青海省
柴达木盆地和泛共和盆地风能太阳能资源评估

主　编：刘彩红　刘　鹏
副主编：陶世银　东元祯　朱西德　王紫文

气象出版社
China Meteorological Press

内容简介

本书综合统计分析了青海省柴达木盆地及泛共和盆地风能和太阳能资源的时空变化、高影响天气和风能太阳能互补利用特征，并结合开发利用情况，初步给出了开发利用前景及建议。本书紧紧围绕青海省风能、太阳能开发利用和清洁能源高质量发展战略需求，研究内容可为地方制定清洁能源发展规划、企业风能和太阳能开发利用项目建设提供参考。

本书可供相关行业的从业人员进行阅读参考，也可供相关方向的研究人员了解青海省风能太阳能资源具体情况。

图书在版编目（CIP）数据

青海省柴达木盆地和泛共和盆地风能太阳能资源评估 / 刘彩红，刘鹏主编. -- 北京 : 气象出版社，2025. 4.
ISBN 978-7-5029-8466-3

Ⅰ. TK81；TK511；P451

中国国家版本馆 CIP 数据核字第 2025RK9054 号

青海省柴达木盆地和泛共和盆地风能太阳能资源评估

Qinghai Sheng Chaidamu Pendi he Fan Gonghe Pendi Fengneng Taiyangneng Ziyuan Pinggu

---

出版发行：气象出版社

地　　址：北京市海淀区中关村南大街 46 号　　**邮政编码**：100081

电　　话：010-68407112（总编室）　010-68408042（发行部）

网　　址：http://www.qxcbs.com　　**E-mail**：qxcbs@cma.gov.cn

责任编辑：王　迪　　**终　　审**：张　斌

责任校对：张硕杰　　**责任技编**：赵相宁

封面设计：艺点设计

印　　刷：北京建宏印刷有限公司

开　　本：787 mm×1092 mm　1/16　　**印　　张**：4.5

字　　数：120 千字

版　　次：2025 年 4 月第 1 版　　**印　　次**：2025 年 4 月第 1 次印刷

定　　价：45.00 元

编　委　会

主　编: 刘彩红　刘　鹏

副主编: 陶世银　东元祯　朱西德　王紫文

编　委: 李万志　董少睿　刘义花　李漠雨　王云竹
杨延华　余　迪　马海玲　段丽君　来晓玲
张啟霞　彭　湖　金　欣　滕文豪　赵国蓉

前 言

随着人类对地球资源的无止境开发，资源枯竭和环境恶化的危机已显现，人类意识到必须寻找替代能源以应对生存危机。太阳能和风能作为清洁、可再生的能源，逐渐成为研究和开发利用的重点。国际社会通过制定可持续发展战略和政策支持，鼓励开发利用这些洁净能源。例如，联合国在 1992 年的世界环境与发展大会上通过了《里约热内卢环境与发展宣言》，确立了可持续发展的模式，并推动各国制订相应的发展计划。此外，各国政府还通过提供安装费用补贴等措施，鼓励风能和太阳能的开发利用。

我国在太阳能和风能领域的发展尤为显著。自 20 世纪以来，我国政府一直将研究开发太阳能和可再生能源技术列入国家科技攻关计划，推动了技术和产业的发展。我国已成为世界公认的太阳能利用产业和市场大国，同时在风能利用领域也取得了显著进步，风电装机容量持续增长，成为全球重要的风电市场之一。

风能和太阳能的开发利用不仅有助于减缓气候变化的影响，还促进了能源结构的优化和经济的高质量发展。随着技术的进步和成本的降低，风能和太阳能的竞争力不断提高，成为实现"双碳"目标的重要手段。各国在探索最优路径的同时，也在全球竞争中抢占优势地位，以期在未来的能源结构转型中占据有利位置。

青海省风能、太阳能资源丰富，具有巨大的开发潜力。丰富的风能、太阳能资源为青海省清洁能源发展提供了坚实的基础。太阳能资源方面，青海省的太阳能资源位居全国前列(年太阳辐射总量居全国第二位)，具有巨大的开发潜力。风能资源方面，青海省的风能资源丰富，特别是柴达木盆地的中、东部及环青海湖以南地区，风能开发前景广阔。据统计，青海省太阳能资源可开发量为 35 亿 kW，相当于 134 个三峡电站，综合开发条件居全国之首；风能资源开发条件良好，可开发量为 7500 万 kW，居全国前十位。

柴达木盆地面积广袤，是国家级的循环经济试验区、国家重要的能源和材料基地，也是青海省开发风能、太阳能资源的重要"阵地"。《海西州国民经济和社会发展第十四个五年规划和二〇三五年远景目标纲要》中指出，全州要着眼碳中和目标，围绕全国重要的风能、太阳能基地建设，推进风能、太阳能等清洁能源规模化开发利用，力争清洁能源新增装机规模 3000 万 kW 以上，其中：光伏 1880 万 kW、光热 106 万 kW、风电 1129 万 kW，累计建设乌图美仁光伏光热园区、茫崖冷湖风光气储一体化园区、德令哈西出口光伏光热园区、大柴旦风光储一体化园区、茫崖花土沟风光储一体化园区、乌兰光伏产业园区、都兰诺木洪风光储一体化园区。

近年来，青海省紧紧围绕"清洁能源高地"和"碳达峰、碳中和"战略部署，通过技术创新和产业优化，大力发展清洁能源产业，不断提高清洁能源发电量占比。截至 2023 年，青海省发电总装机达到 5497 万 kW，其中清洁能源装机占比高达 93%，达到 5108 万 kW。青海省清洁能源装机占比(92.8%)和绿色电力发电量占比(84.5%)均居全国首位。

本书围绕青海省柴达木盆地及泛共和盆地风能、太阳能等清洁能源资源精细化监测评估、互补利用气象指标凝练、资源预测预估、高影响天气防御服务等清洁能源气象服务需求,分别从柴达木盆地、泛共和盆地所在地理与风能太阳能资源概况、风能太阳能资源评估资料来源与评估方法、太阳能资源时空分布特征、风能资源时空分布特征、风能太阳能开发区域气象灾害分析、风能太阳能互补利用特征分析、开发利用前景及对策建议等方面进行了详细分析。本书为厘清青海省柴达木盆地、泛共和盆地风能与太阳能时空分布和互补规律特征、推进重点区域风能太阳能合理高效开发利用提供科学参考。

本书的前言部分由刘彩红负责编写,书稿汇总及技术审核由陶世银和刘鹏负责完成。本书共分两部分共13章。第一部分共7章,第1章和第2章由东元祯、董少睿、李漠雨负责编写;第3章和第4章由东元祯、陶世银、王紫文、杨延华负责编写;第5章由李万志、王云竹、余迪负责编写;第6章由陶世银、东元祯、朱西德负责编写;第7章由马海玲、滕文豪、段丽君负责编写。第二部分共6章,第8章和第9章由朱西德、董少睿、李漠雨负责编写;第10章和第11章由朱西德、陶世银、王紫文、杨延华负责编写;第12章由余迪、李万志、李艳负责编写;第13章由来晓玲、赵国蓉、金欣负责编写。本书中所有的空间分布图的GIS(地理信息系统)底图由青海省测绘局提供,审图号为GS(2017)3320。

由于编者水平有限,书中难免存在疏漏,敬请读者批评指正。

作者

2024年6月

目　录

第一部分

柴达木盆地风能太阳能监测评估

第 1 章　柴达木盆地地理与资源概况

柴达木盆地位于青藏高原北部，青海省的西北部（东经 90°16′—99°16′，北纬 35°00′—39°20′），是我国内陆大型山间断陷盆地，东西长约 800 km，南北宽约 300 km，总面积 20.57 万 km^2，为我国三大内陆盆地之一。盆地最高海拔 6171 m，底部海拔 2650～3200 m，是我国四大盆地中海拔最高的高原型盆地。盆地四周被高山环抱，南部为昆仑山，东北部为祁连山，西北部为阿尔金山和祁漫塔格山。柴达木盆地地形在平面上呈现西西北—东东南走向。地貌呈同心环状分布，自边缘至中心，洪积砾石扇形地（戈壁）、冲积-洪积粉砂质平原、湖积-冲积粉砂黏土质平原、湖积淤泥盐土平原有规律地依次递变。从盆地四周边缘到盆地中心依次为高山、戈壁、固定半固定沙丘和风蚀丘陵、细土平原带、盐沼、湖泊等地貌类型。柴达木盆地内河流主要分布于盆地东部，西部水网极为稀疏（图 1.1）。

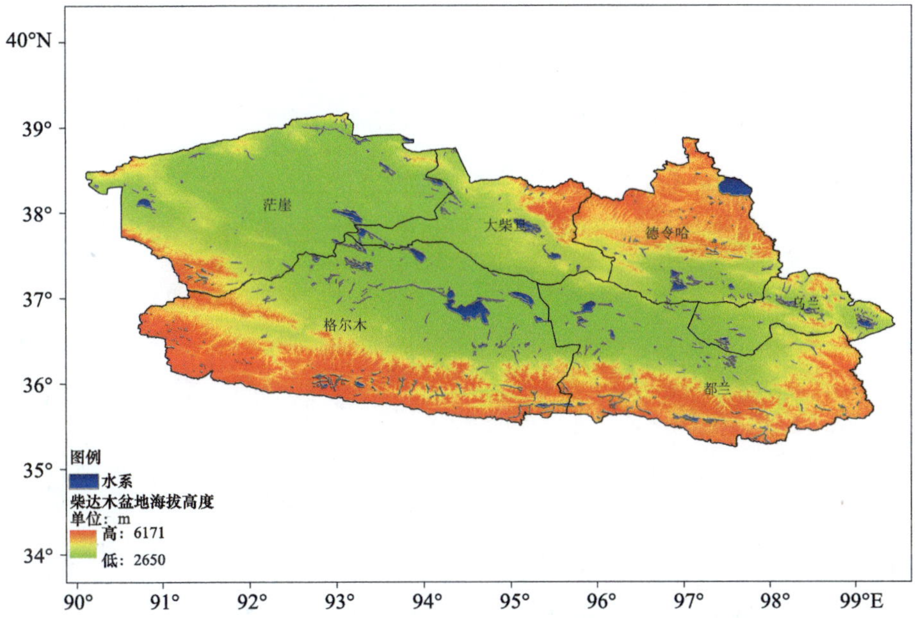

图 1.1　柴达木盆地地形

柴达木盆地处于西风带环流高原抬升后的下沉区，属典型的高原大陆性气候，常年以风沙天气为主。盆地内年平均气温为 3.25 ℃，年内变化差异较大，最冷月为 1 月，平均为 −15～−10 ℃，最暖月为 7 月，平均为 15～17 ℃。降水量空间分布由四周向盆地中心递减，四周山区年降水量在 150～300 mm，盆地中心年降水量小于 50 mm，西北部仅为 25 mm。柴达木盆地蒸发能力强，中心地区在 1800 mm 以上。整个盆地太阳辐射强、日照时间长，年日照时数普遍在 3100 h 以上，无霜期 80～140 d。

1991—2021 年柴达木盆地 10 m 高度年平均风速 2.5 m/s。10 m 高度风速主要受海拔和地形的影响，茫崖镇、都兰西北部的查尔汗盐湖附近、诺木洪附近风速可超过 5.0 m/s，风速最小的区域在花土沟镇附近、格尔木市附近、都兰县中部北至察汗乌苏镇，南至布青山区域和乌兰县东部等区域。70 m 高度年平均风速 5.1～7.5 m/s，平均风功率密度 193～459 W/m^2，其中茫崖石棉矿、冷湖丁字口等地风能资源最丰富，年平均风速为 6.9～7.5 m/s，年平均风功率密度 298～459 W/m^2，100 m 高度年平均风速 3.4～9.8 m/s，年平均风功率密度 128～829 W/m^2，风速和风功率密度高值区主要位于格尔木和都兰南部、茫崖和德令哈北部、天峻西部、乌兰中东部等地区，风速为 6.3～9.8 m/s，风功率密度在 400 W/m^2 以上。1991—2021 年盆地平均年日照时数和总辐射分别为 3053 h 和 6751 MJ/m^2，日照时数和总辐射均呈现西北多东部较少的分布态势，且具有波动下降的变化趋势。其中茫崖、大柴旦年总辐射最高，在 6893～7065 MJ/m^2。其次是格尔木、都兰，为 6658～6834 MJ/m^2，德令哈、乌兰相对略低，在 6474～6601 MJ/m^2。

第 2 章　资料来源和评估方法

本研究所使用柴达木盆地境内的冷湖、大柴旦、诺木洪、德令哈、乌兰、茫崖、小灶火、都兰、格尔木、茶卡共 10 个国家级气象站的日照及风速、风向资料，32 个区域自动气象站风速资料，部分测风塔观测资料以及风资源模式资料。

2.1　资料来源

(1)1991—2021 年 10 m 高度风资料采用国家级气象站和区域自动气象站观测数据，70 m 高度风资源数据采用测风塔观测数据，100 m 高度风资料采用中国气象局风能资源数值模拟评估系统模式数据，风速的数据精度为 0.01 m/s，风功率密度的数据精度为 0.01 W/m^2。

(2)1991—2021 年柴达木盆地格尔木站总辐射由观测得到，其余各站总辐射根据气候统计学方法推算得到。

2.2　评估方法

(1)风功率密度计算方法

本研究告 10 m 高度风资料采用国家级气象站观测数据，60 m 高度风资料采用 2022 年格尔木市梯度观测数据，风功率密度(ω)计算方法为：

$$\omega = \frac{1}{2n}\sum_{i=1}^{n}\rho {v_i}^3 \tag{2.1}$$

式中，ω 为风功率密度，n 为设定时间内的记录数，v_i 为风速，ρ 为空气密度。空气密度的值取决于温度和海拔高度，即：

$$\rho = (353.05/T)\exp^{-0.034(z/T)} \tag{2.2}$$

式中，T 为年平均空气开尔文温标绝对温度，z 为风场的海拔高度。

(2)总辐射

本研究中太阳能资源部分数据格尔木站总辐射值由观测得到，其余各站总辐射值(Q)根据气候统计学方法(式(2.3))推算得到。

$$Q = Q_0(a + bs) \tag{2.3}$$

式中，Q 为总辐射量，Q_0 为计算点所在等压面理想大气条件下的总辐射量，a、b 为回归系数，s 为日照百分率。

(3)稳定性评判指标和方法

本研究采用变异系数(COV)作为衡量风功率密度和总辐射及其互补资源稳定性的评判指标。变异系数是一组资料标准差与其均值之比，它消除了不同数据组的量纲或者测量尺度的差异，是刻画资料离散程度的统计学指标，其表达式为：

$$COV=\frac{\sigma}{\mu}\times 100\% \tag{2.4}$$

式中，σ 是标准差，μ 是均值。

对一段时间序列的资料，分别计算单独的风能资源变异系数（COV_1）和太阳能资源资料变异系数（COV_2），再计算两种资源等比叠加后（即风能、太阳能资源利用比 $r=1.0$）的互补序列变异系数（COV_3）。如果 COV_3 小于 COV_1 和 COV_2 的最小值，则认为风能、太阳能资源互补序列的稳定性可以得到提高。即满足：

$$\Delta COV=COV_3-\min(COV_1, COV_2)<0 \tag{2.5}$$

(4)互补性评判指标和方法

本研究采用 Pearson 相关系数（r）辅助说明研究方法的合理性，并为风能、太阳能互补特性研究的多指标选择提供参考。Pearson 相关系数计算公式如下：

$$r=\frac{\sum_{i=1}^{n}(x_i-\overline{x})(y_i-\overline{y})}{\sqrt{\sum_{i=1}^{n}(x_i-\overline{x})^2}\sqrt{\sum_{i=1}^{n}(y_i-\overline{y})^2}} \tag{2.6}$$

式中，n 是该组资料所包含的时次，x_i 和 y_i 分别是第 i 个时次的风功率密度取值和总辐射值。

Pearson 相关系数值在 -1 和 1 之间。1 表示两变量同步变化，互补性最差；-1 则代表风能、太阳能资源具有完全相反的变化趋势，可反映二者具有互相补偿的特征，但不代表其互补资源的稳定性最高，还要结合二者叠加后的变异系数判断。

第 3 章　柴达木盆地太阳能资源分布特征

3.1　日照

3.1.1　日照时数年际变化特征

1991—2021 年，柴达木盆地各地平均年日照时数为 3053 h，呈波动减少趋势，年日照时数从 1991 年的 3188 h 减少至 2021 年的 2859 h，减少率为 87.3 h/(10 a)。其中，1997—2003 年和 2013—2019 年两个时段减少明显。2021 年柴达木盆地年平均日照时数略低于历年平均值（图 3.1）。

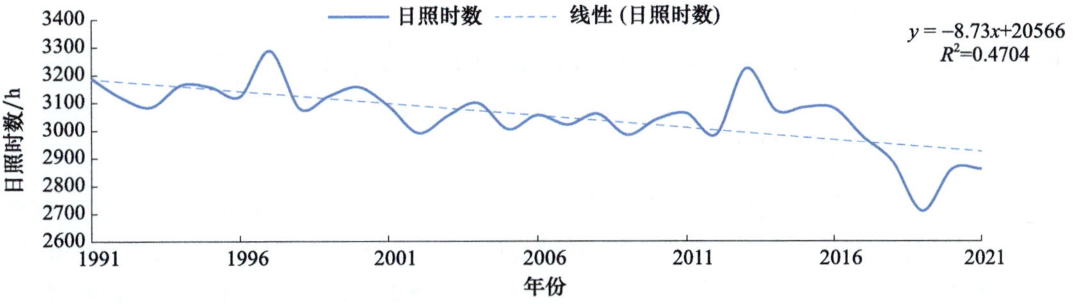

图 3.1　1991—2021 年柴达木盆地日照时数年际变化

1991—2021 年，除冷湖站的年日照时数每 10 a 增加 53.7 h 外，其余各站日照时数均呈现不同程度的减少趋势，其中诺木洪和小灶火减少趋势最明显，每 10 a 分别减少 165.0 h 和 157.7 h（表 3.1）。

表 3.1　1991—2021 年各站日照时数及日照时数气候倾向率

站点	年日照时数/h	气候倾向率/(h/(10 a))
茫崖	3029.6	−25.7
冷湖	3425.7	53.7
小灶火	2951.0	−157.7
大柴旦	3122.6	−79.4
德令哈	2820.1	−135.4
格尔木	2909.9	−113.2
诺木洪	2875.2	−165.0
乌兰	2859.5	−91.2
都兰	2831.2	−116.8
茶卡	2982.7	−42.3

3.1.2 日照时数月变化特征

柴达木盆地月日照时数在 207.6～328.9 h,月平均日照时数为 254.4 h,一年中大部分地区 4 月、5 月为日照时数相对高值期,月平均日照时数分别为 276.5 h 和 287.5 h。1 月、2 月是相对低值期,分别为 225.6 h 和 219.6 h。日照时数最高的月份是 5 月,茶卡最高日照时数出现在 4 月。最低的月份是 2 月,茫崖、冷湖地区出现在 12 月(图 3.2)。

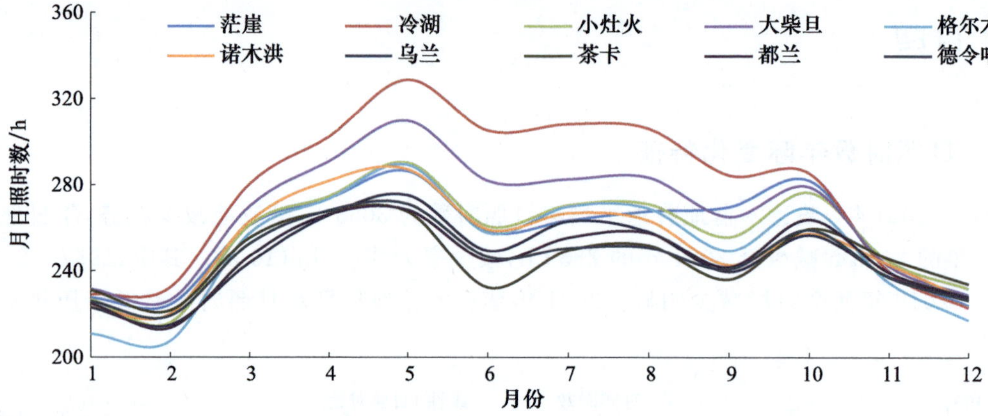

图 3.2　柴达木地区月平均日照时数变化

3.1.3 日照时数空间分布特征

1991—2021 年,柴达木盆地年日照时数呈现出西北多东部少的分布形势,各站之间年日照时数差异不大。其中,冷湖、大柴旦年日照时数最多,分别约为 3326 h 和 3193 h;小灶火、茫崖、诺木洪、格尔木次之,在 3007～3082 h。乌兰、茶卡、都兰、德令哈年日照时数相对较少,在 2950～2956 h(图 3.3)。

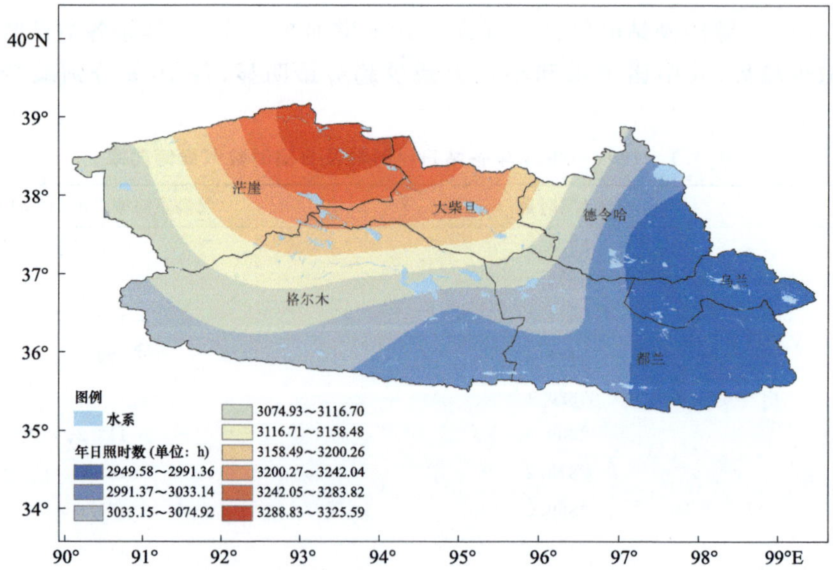

图 3.3　柴达木盆地年日照时数空间分布

3.1.4 日照百分率时、空分布特征

1991—2021 年柴达木盆地日照百分率呈波动减小趋势，每 10 a 日照百分率减小 1.9 个百分点。2019 年日照百分率最低，为 60.3%，1997 年最高，为 73.7%（图 3.4）。

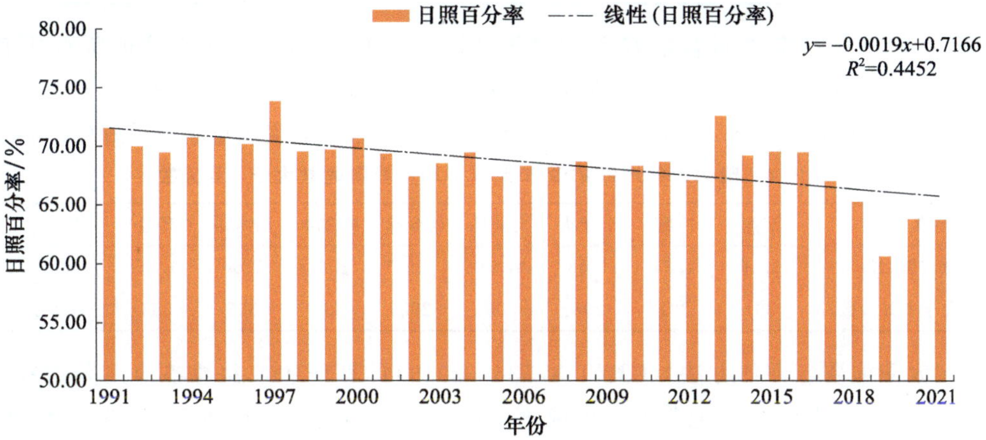

图 3.4　1991—2021 年柴达木盆地日照百分率变化

从空间分布来看，1991—2021 年柴达木盆地日照百分率均在 67%以上，其中冷湖、大柴旦日照百分率均高于 70%，都兰、茶卡、乌兰相对较低，为 67%（表 3.2）。

从气候统计学上看，一天中日照百分率≥60%可记作晴天，日照百分率<20%可记作阴天。柴达木盆地晴天日数最多的是冷湖地区，年晴天日数可达到 300 d，年阴天日数为 12 d；晴天日数最少的是都兰，但也能达到 258 d，年阴天日数为 36 d。

表 3.2　柴达木盆地各站年平均日照百分率、年晴天日数与阴天日数

项目	茫崖	冷湖	小灶火	大柴旦	德令哈	格尔木	诺木洪	都兰	茶卡	乌兰
年日照百分率/%	69	75	69	72	67	68	69	67	67	67
晴天日数/d	272	300	273	286	267	266	278	258	260	263
阴天日数/d	19	12	22	19	31	24	21	36	31	33

3.1.5 日照时数大于 6 h 天数及日照稳定度分析

年日照时数大于 6 h 天数是太阳能资源评估的重要指标之一，该值越大说明该地区日照越充裕、越稳定，受天气变化影响越小，越有利于太阳能资源的利用。1991—2021 年，柴达木盆地各地每年日照时数大于 6 h 的天数在 220～339 d，尤其是茫崖、冷湖、大柴旦、德令哈、诺木洪，平均年日照时数大于 6 h 的天数均在 300 d 以上，占年总天数的 82%以上。其中，茫崖、大柴旦最多，分别为 320 d 和 305 d。都兰和茶卡地区较少，分别为 281 d 和 284 d。

一年中，各月日照时数大于 6 h 的月日数最大值与月日数最小值的比值（K），可以反映当地太阳能资源全年变化幅度的大小，比值越小说明太阳能资源全年变化越稳定，就越利于太阳能资源的利用。$K<2$，表示稳定；$2\leqslant K\leqslant 4$，表示较稳定；$K>4$，表示不稳定（表 3.3）。

表 3.3　太阳能资源稳定程度等级

太阳能资源稳定程度指标	稳定程度(等级)
$K<2$	稳定(1)
$2\leqslant K\leqslant 4$	较稳定(2)
$K>4$	不稳定(3)

分析 1991—2021 年全省各站 K 值的多年平均值。按照标准，柴达木盆地所有站 K 值均小于 2(稳定)。其中，冷湖、大柴旦日照时数的稳定性最好，K 值分别为 1.35 和 1.49。柴达木盆地其他地区 K 值在 1.50～1.73。总体来看，柴达木地区太阳能资源稳定度较好(表 3.4)。

表 3.4　柴达木盆地各站多年 K 值平均及日照时数大于 6 h 天数

要素	茫崖	冷湖	小灶火	大柴旦	德令哈	格尔木	诺木洪	乌兰	都兰	茶卡
日照稳定度(K)	1.56	1.35	1.58	1.49	1.54	1.62	1.50	1.55	1.60	1.73
日照时数大于 6 h 天数/d	301	321	298	306	293	292	305	286	282	285

根据《太阳能资源评估方法》(GB/T 37526—2019)计算柴达木盆地各地太阳能资源稳定度。1991—2021 年柴达木盆地各地区出现 $K\geqslant 2$ 共 20 次，占总数的 6.5%。除冷湖外，其余各地均出现过 $K\geqslant 2$，其中茶卡最多，共出现过 7 次，出现年份分别为 1999 年、2002 年、2005 年、2009 年、2012 年、2019 年和 2020 年，其次是格尔木，共 4 次，其余各站均出现 1～2 次。各站未出现过 $K>4$ 的年份。各站稳定性由强到弱依次为冷湖＞大柴旦＞诺木洪＞德令哈＞乌兰＞茫崖＞小灶火＞都兰＞格尔木＞茶卡。

3.2　太阳总辐射

3.2.1　总辐射年际变化

1991—2021 年，柴达木盆地年总辐射平均为 6751 MJ/m²，总体呈波动下降趋势，平均每 10 a 下降 118 MJ/m²。总辐射最高值出现在 1997 年，达到 7072 MJ/m²，最低值出现在 2019 年，为 6336 MJ/m²。2013 年以前年总辐射下降趋势较缓，2013 年以后下降趋势增大，2019 年后略有增长。2021 年，柴达木盆地年总辐射平均为 6533 MJ/m²，低于历年平均水平(图 3.5)。

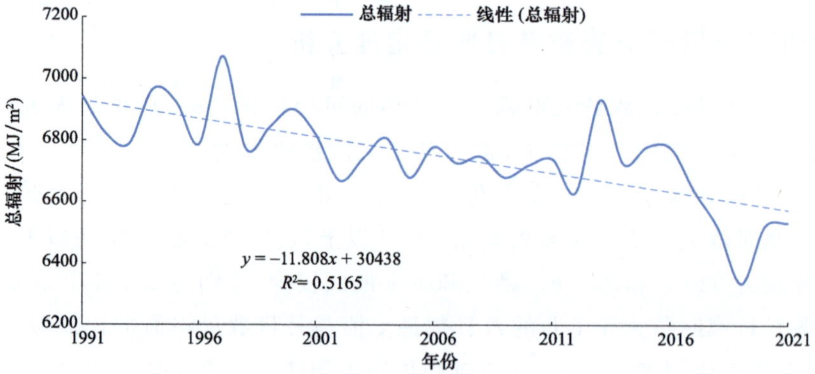

图 3.5　1991—2021 年柴达木盆地总辐射年际变化

1991—2021 年柴达木盆地除冷湖以每 10 a 增长 62.2 MJ/m² 外，其余各地总辐射均呈现减少趋势，其中诺木洪减少最明显，每 10 a 减少 225.3 MJ/m²，其次是小灶火，每 10 a 减少 220.5 MJ/m²（表 3.5）。

表 3.5 1991—2021 年各站总辐射气候倾向率

站点	年总辐射/(MJ/m²)	气候倾向率/(MJ/(m²·10 a))
茫崖	6729.1	−49.5
冷湖	7065.3	62.2
小灶火	6797.5	−220.5
大柴旦	6893.5	−115.0
德令哈	6572.7	−187.1
格尔木	6833.9	−121.4
诺木洪	6781.7	−225.3
乌兰	6600.1	−102.6
都兰	6658.0	−168.3
茶卡	6579.7	−53.3

3.2.2 总辐射月变化特征

柴达木盆地太阳月总辐射均呈现双峰型。月总辐射从 3 月开始急剧增大，5 月达峰值，6 月略有下降后，7 月又回升到次高值，9 月迅速下降，冬季的 12 月、1 月达最小值。各站 5—7 月总辐射均在 600 MJ/m² 以上，冷湖 5—7 月平均月总辐射为 813.29 MJ/m²，是夏季月总辐射最多的地区，是 12 月、1 月的 2 倍左右。茶卡、乌兰在 6 月月总辐射下降较明显，且 6—8 月总辐射呈上升趋势。各站月总辐射主要集中在 4—8 月，占年总辐射的 60%以上。从季节分析看出，夏季月总辐射最多，春季比秋季多，冬季最少。这主要是由于春季 3 月以后太阳直射北半球，白昼时间长，秋季 9 月后太阳直射南半球，昼短夜长，加之秋雨较多所致（图 3.6）。

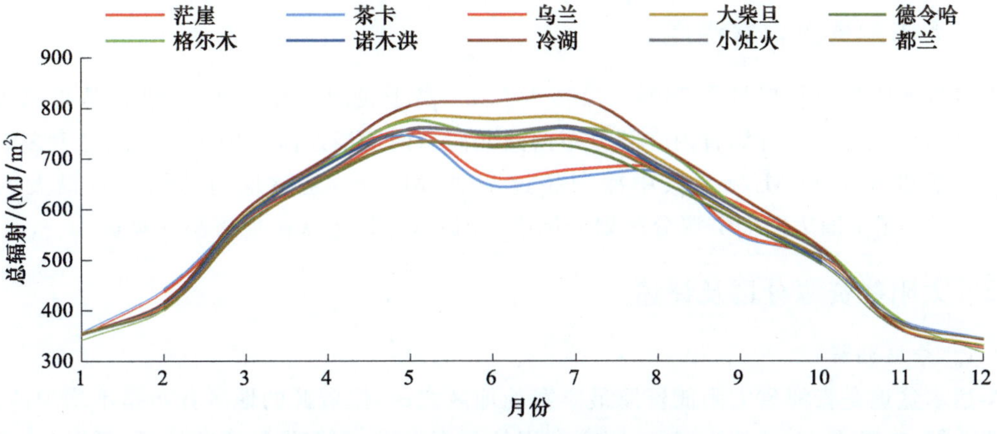

图 3.6 柴达木盆地各站总辐射月变化

3.2.3 总辐射空间分布特征

1991—2021 年柴达木盆地年太阳总辐射分布表现为西北高、东部低的形势。冷湖、大柴旦、格尔木年总辐射最高，在 6833.9～7065.3 MJ/m²；其次是小灶火、诺木洪、茫崖 6729.1～6797.5 MJ/m²；都兰、乌兰、茶卡、德令哈相对略低，在 6572.7～6658.0 MJ/m²(图 3.7)。

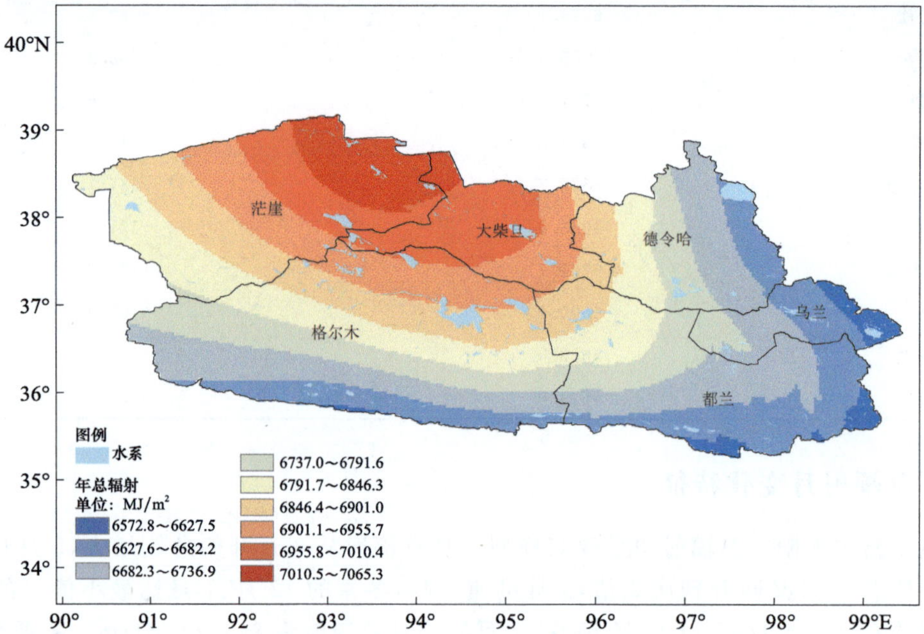

图 3.7 柴达木盆地年总辐射空间分布

3.3 太阳能资源丰富程度及分区评述

3.3.1 太阳能资源丰富程度

青海省太阳年总辐射量在 5600～7100 MJ/m²，高于我国东部同纬度地区，是我国辐射资源最丰富的地区之一。青海省内空间分布由西北向东南逐渐递减。柴达木盆地绝大多数地区年总辐射量超过 6500 MJ/m²，其中冷湖超过 7000 MJ/m²，是盆地内总辐射量最大的地区(图 3.8)。按照全国太阳能资源分区划分标准，柴达木盆地为太阳能资源一类区。

3.3.2 太阳能资源分区及评述

3.3.2.1 分区指标

柴达木盆地是青海省太阳能资原最丰富的地区之一，但资源的地区分布是不均匀的，其趋势是西北部、中部多，东部偏少，从太阳能利用的角度来讲，青海省是高寒地区，低温(日平均气温在 0 ℃以下)期长，且多大风，这些气候因素对太阳能的光热利用不利。

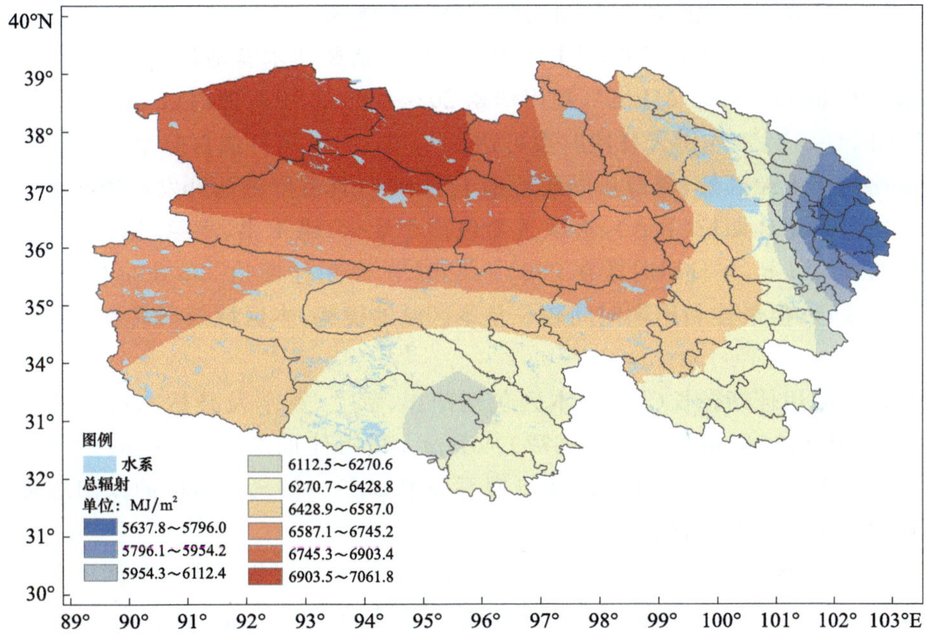

图 3.8　青海省太阳总辐射空间分布

3.3.2.2　分区评述

在分区中，以年太阳总辐射量作为一级（主导）区划指标，以日平均气温稳定通过 0 ℃的日数（利用佳期）作为二级区域指标进行分区。利用一、二级区划指标进行综合区划的结果适用于太阳能光热利用，全省共分成 10 个不同类型的太阳能资源区（表 3.6、表 3.7）。

表 3.6　太阳能资源分区一级指标

区号	区名	年太阳总辐射量/（MJ/m²）	地区
Ⅰ	太阳能特别丰富区	＞6800	冷湖、大柴旦、格尔木
Ⅱ	太阳能丰富区	[6200，6800]	茫崖、小灶火、德令哈、诺木洪、乌兰、都兰、茶卡
Ⅲ	太阳能较丰富区	＜6200	无

表 3.7　太阳能资源分区二级指标

区号	区名	日平均气温稳定通过 0 ℃日数/d	地区
A	利用佳期长	＞220	小灶火、德令哈、格尔木、诺木洪、乌兰
B	利用佳期较长	[180，220]	茫崖、冷湖、大柴旦、都兰、茶卡
C	利用佳期较短	[140，180)	无
D	利用佳期短	＜140	无

资源特别丰富且利用佳期长（ⅠA）：本区主要在柴达木盆地中部的格尔木地区。年太阳总辐射量在 6800 MJ/m² 以上；利用佳期在 220 d 以上；多年 K 值稳定在 1.62 左右；年平均日

照时数≥6 h天数在292 d左右；年日照时数达到2909.9 h；本区太阳能资源特别丰富，晴天多、利用佳期长，是青海省太阳能资源利用前景最好的地区。

资源特别丰富且利用佳期较长（ⅠB）：本区主要包括柴达木盆地的冷湖、大柴旦一带。年太阳总辐射量在6893～7065 MJ/m^2，利用佳期203～205 d，年日照时数3000 h以上，其中冷湖达3425.7 h，4—8月平均每天日照时数可达9.1～10.8 h；年日照百分率72%～75%。本区除利用佳期略短于ⅠA区外，资源量同属特别丰富地区，具有广阔的开发利用前景。

资源丰富且利用佳期长（ⅡA）：本区主要包括小灶火、诺木洪、乌兰、德令哈，年太阳辐射量在6600 MJ/m^2以上，年日照时数在2860～2951 h，利用佳期达225 d左右，虽然该区域辐射总量略低于Ⅰ区，但最佳利用期时间较长是本区域的优势，本区域依旧具有很好的利用开发价值。

资源丰富且利用佳期较长（ⅡB）：本区包括茫崖、都兰、茶卡及柴达木盆地的布尔汗布达山区，年平均太阳总辐射量在6579～6729 MJ/m^2，利用佳期208～220 d，晴天日数258～272 d，年日照时数2831.2～3029.6 h，年日照百分率67%～69%。本区的太阳总辐射量及利用佳期都仅次于ⅠA、ⅡB两区。

综上所述，柴达木盆地各地利用太阳能的可能途径，大体可规划为以下两种类型。

第一类ⅠA、ⅠB区。这类地区太阳能资源特别丰富或很丰富，是青海省气温较高的地区，太阳能可利用时间长，光热电站在此区域有很好的开发前景。同时，本区域太阳能供暖系统一年中可利用7个月以上，因此这是工业生产、居民生活以及综合开发利用太阳能资源最理想的地区。

第二类ⅡA、ⅡB区。这类地区太阳能资源丰富或较丰富，可利用时间较长，此类区域由于温度较ⅠA、ⅠB区低，在此区域可发展光伏电站。同时，本区域大部分地区太阳能供暖系统可利用4～5个月，其经济、社会效益也很显著。

3.4 柴达木盆地太阳能资源总储量

3.4.1 总储量和可利用总储量

柴达木盆地面积广袤，在进行太阳能资源大规模开发利用时，必须考虑多尺度地形对太阳能利用的影响。柴达木盆地面积约为25.56万km^2，按照盆地内平均年总辐射量6726 MJ/m^2计算，柴达木盆地年内太阳能资源储量大约为1.73×10^{15} MJ。

一般坡度大于30°时会增加太阳能资源开发的难度，增加开发成本，地形的背阴面不具备太阳能资源开发的价值。根据中华人民共和国测绘局编制的中国1∶25万数字地理信息资料，计算坡度小于30°，坡向在东北→东→东南→南→西南→西→西北之间的面积为16.38万km^2，因此，地形影响下的可利用总储量为1.1×10^{15} MJ，相当于大约377亿t标准煤完全燃烧释放的能量。

3.4.2 技术可开发量

考虑土地利用、光电转换效率等因素后，设定太阳能资源技术可开发量的条件如下。

(1)太阳能资源可利用面积的 10%为技术可开发区域；

(2)光电转换效率为 16%。

在考虑以上两条件的控制下，柴达木盆地年太阳能技术可开发量为 1.78×10^{13} MJ，相当于大约 6 亿 t 标准煤完全燃烧释放的能量。

第 4 章 柴达木盆地风能资源分布特征

4.1 10 m 高度风速时、空分布特征

4.1.1 10 m 高度风速空间分布

利用 1991—2021 年柴达木盆地内 10 个国家级气象站、32 个区域自动气象站观测数据整理得出柴达木盆地 10 m 高度年平均风速数据库。整体盆地年平均风速在 2.12～6.30 m/s(图 4.1)。

盆地绝大部分地区年平均风速均在 3.0～5.0 m/s，茫崖镇、都兰西北部的查尔汗盐湖附近、诺木洪附近风速超过 5.0 m/s，冷湖东北部至大柴旦西北部、茫崖的中西部(除茫崖镇外)风速相对较小，风速最小的区域在花土沟镇附近、格尔木市附近、都兰县中部北至察汗乌苏镇，南至布青山区域和乌兰县东部等区域。

盆地风速主要受海拔高度和地形的影响，如茫崖镇位于柴达木盆地西沿的阿尔金山山口，风速具有加速效应，风速最大，年平均风速在 5.0 m/s 以上；而位于柴达木盆地东北部的哈拉湖周边地区海拔较高，地形的影响及湖泊效应使得该地成为另一风速高值区，年平均风速在 4.0～5.0 m/s；其次为盆地中部的诺木洪地区，这里是盆地南北距离最近的区域，西北风受到狭管效应影响，风速在该区域容易维持或加强，常年盛行西北风且风速较大，年平均风速在

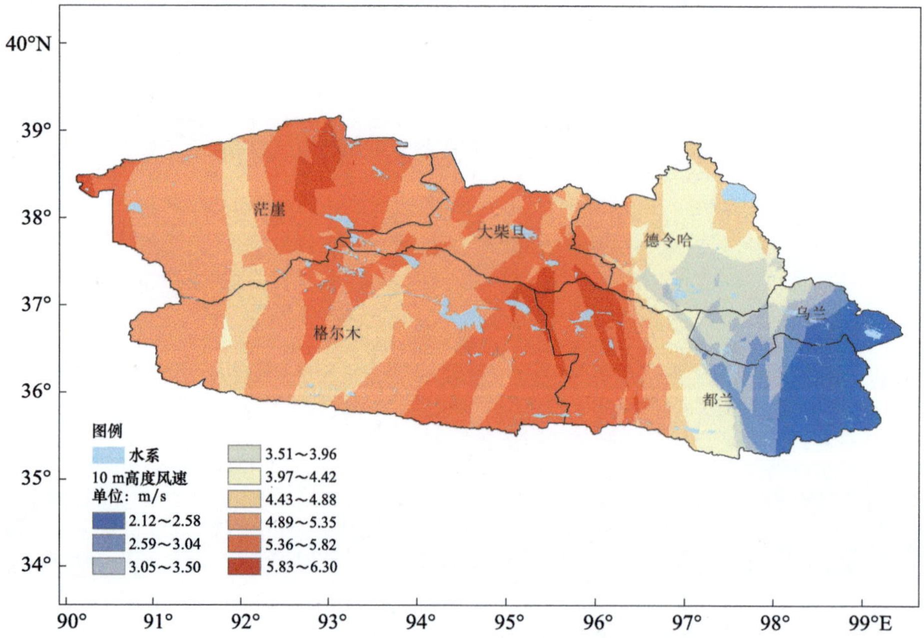

图 4.1 柴达木盆地 10 m 高度风速空间分布

4.5～6.5 m/s，风资源较为丰富，这里海拔不高，地势开阔，可利用面积最大，且道路、电网、通信条件较好，适宜开展大型风电场的建设。格尔木大部分地区、冷湖南部、茫崖的东南部、大柴旦南部由于地势过于开阔，风速相对较小，年平均风速为 3.0 m/s；盆地东部风速较小与这里海拔较低和山丘地形影响有关，年平均风速在 3～4.5 m/s(图 4.1)。

4.1.2　10 m 高度风速年际变化

1991—2021 年柴达木盆地平均风速为 2.5 m/s，总体呈微弱减小趋势，平均每 10 a 减小 0.15 m/s。2021 年柴达木盆地平均风速为 2.3 m/s，略低于平均值(图 4.2)。

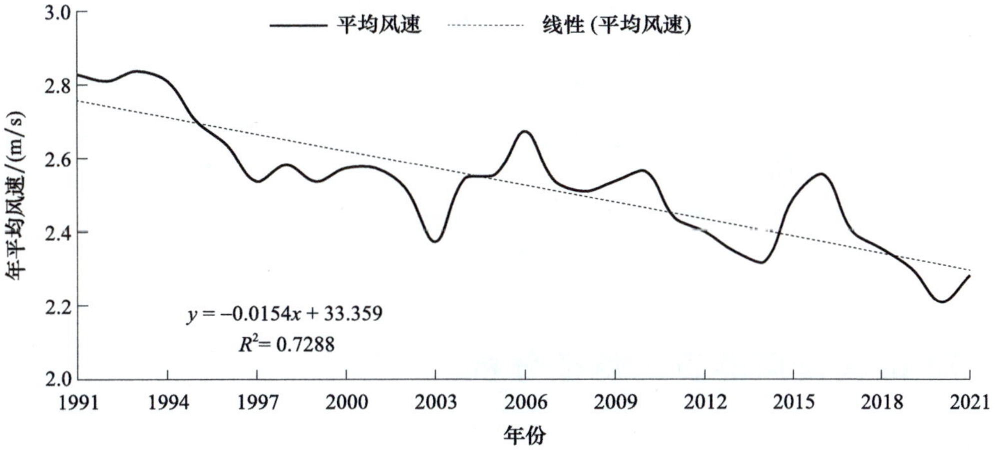

图 4.2　1991—2021 年柴达木盆地年平均风速变化

柴达木盆地除茶卡外，其余各地风速逐渐减小，整体水平保持在每 10 a 减小 0.15 m/s。其中递减率最高的是诺木洪，以每 10 a 减小 0.63 m/s 的速率递减，而茶卡则以每 10 a 增大 0.28 m/s 的速率递增(表 4.1)。

表 4.1　柴达木盆地各站平均风速与风速气候倾向率

要素	茫崖	冷湖	小灶火	大柴旦	德令哈	格尔木	诺木洪	都兰	茶卡	乌兰
气候倾向率/(m/(s·10 a))	−0.17	−0.09	−0.09	−0.11	−0.04	−0.22	−0.63	−0.27	0.28	−0.18
平均风速/(m/s)	2.3	3.6	3.4	1.9	1.7	2.1	2.2	2.2	2.3	3.0

4.1.3　风速月变化

柴达木风速存在明显的季节差异，变化形式主要分为单峰型和波浪型(图 4.3)。就平均状况而言，春季(3—5 月)风速最大，但风速的年内变化西部和东部略有不同，地处西部的茫崖、冷湖、小灶火，中部的德令哈、格尔木、大柴旦，风速的年变化特征不明显，3—8 月风速均较大，11 月至次年 2 月风速较小；地处东部的诺木洪、乌兰、都兰，风速的年变化特征较明显，春季 3—5 月风速最大，7—9 月风速最小。

茫崖、小灶火、大柴旦、德令哈、格尔木、冷湖为单峰型。以上 6 个站风速月变化呈现单峰型，春季风速明显增大，到达峰值后又逐渐减小。但是其中风速到达峰值的时间又有所不同，茫崖 3 月就已经达到全年风速峰值，其次是格尔木、小灶火、大柴旦 5 月达到峰值，最后是德令哈与冷湖，6 月达到全年月平均风速峰值。

诺木洪、茶卡、乌兰、都兰为波浪型。以上 4 个站风速月变化趋势基本相同，均是春季风速迅速增大，4 月达到风速峰值后逐渐下降至 9 月，之后风速又开始增大，直至年末。

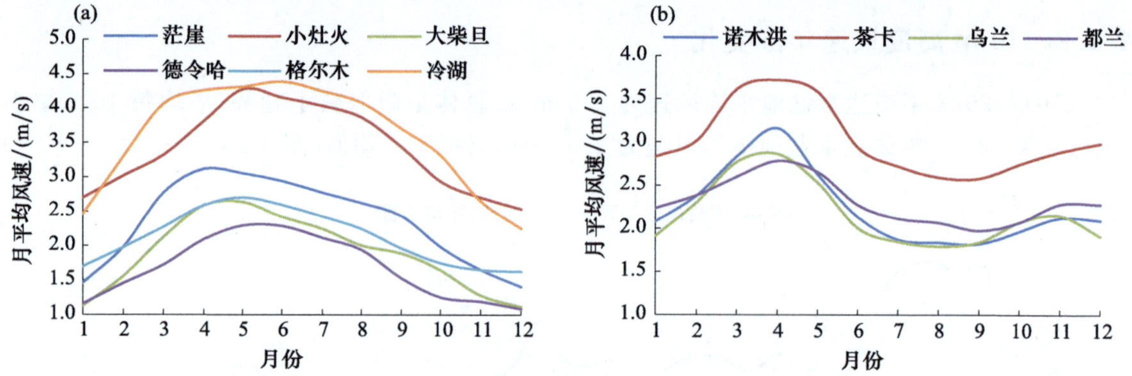

图 4.3　柴达木盆地典型站风速月变化

(a)单峰型，(b)波浪型

4.2　70 m 高度风能资源特征分析

4.2.1　70 m 高度风速与风功率密度分布特征

70 m 高度上，柴达木盆地风速分布较均匀，全盆地风速在 4.6～7.5 m/s，其中格尔木大部分区域、茫崖西部、冷湖、大柴旦西部、德令哈南部区域风速在 5.0～6.0 m/s，盆地其余地区风速在 6.0～7.0 m/s，最大出现在茫崖镇和茶卡镇附近，最大风速达 7.5 m/s(图 4.4a)。

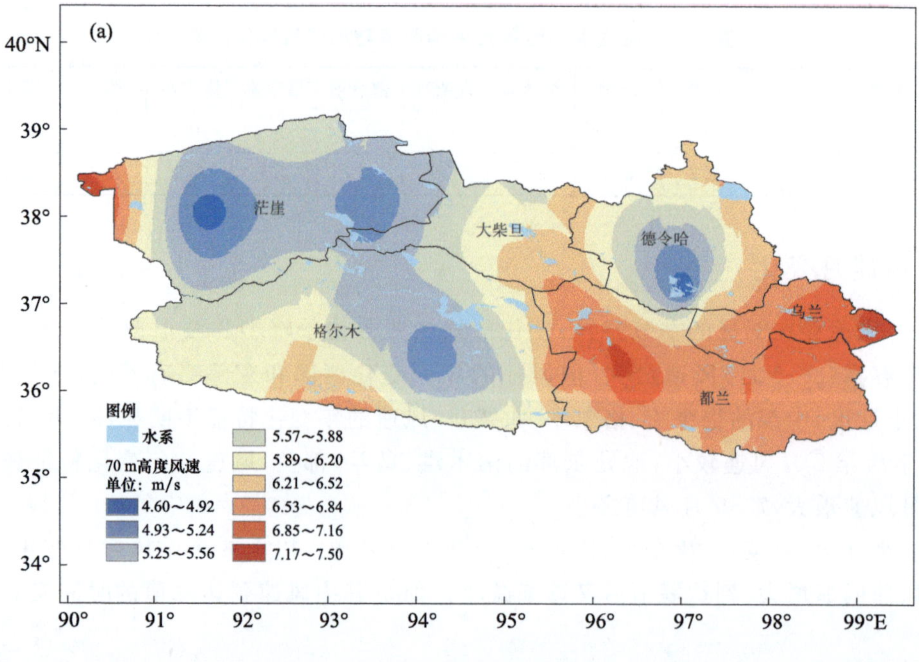

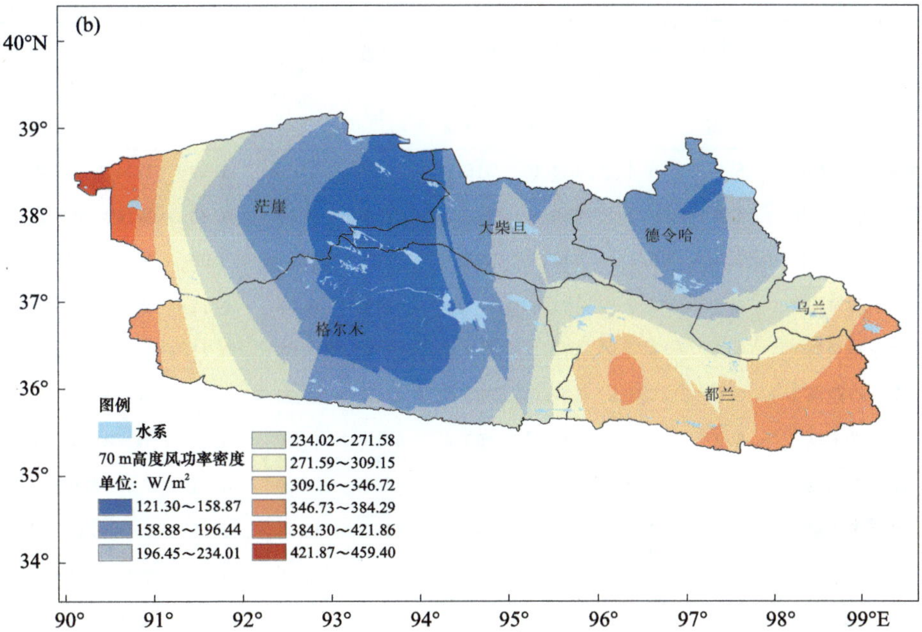

图 4.4　柴达木盆地 70 m 高度风速(a)和风功率密度(b)空间分布

柴达木盆地 70 m 高度上风功率密度大小分布与风速分布大致相同，风功率密度绝大部分地区均在 170 W/m² 以上，其中茫崖花土沟镇以西、诺木洪附近、茶卡镇附近风功率密度超过 320 W/m²，茫崖中西部、冷湖大部分地区、格尔木中部、德令哈库尔雷克湖、托素湖附近风功率密度在 220～270 W/m²(图 4.4b)。

4.2.2　测风塔参数分析

利用柴达木盆地内 21 个企业测风塔观测数据，评价柴达木盆地不同地区风能资源分布情况(表 4.2)。从测风塔各层平均风速、风功率密度、有效小时数和湍流强度、切变指数、最多方向及主风能方向的分布看，表现出如下的特点和规律。

表 4.2　柴达木盆地各测风塔风能参数统计表

风塔编号	测风地点	平均风速/(m/s)		风功率密度/(W/m²)		有效小时数/h	湍流强度	切变指数	最多风向/主风能方向	50 年一遇最大风速/(m/s)
		10 m	70 m	10 m	70 m					
1	茫崖石棉矿	6.1	6.9	247.5	398.6	6009	0.08	0.06	NW/NW	34.6
2	茫崖石棉矿	6.3	7.5	261.7	459.4	6833	0.13	0.10	NW/NW	31.6
3	茫崖黄瓜梁	4.0	5.1	88.4	187.5	5808	0.07	0.12	NW/NW	26.9
4	冷湖茶冷口	4.1	5.3	114.7	196.4	5860	0.07	0.14	NW/NW	28.2
5	冷湖丁字口	5.9	7.0	164.3	297.9	7286	0.16	0.09	E/E	33.0
6	格尔木大格勒	5.8	6.7	203.0	314.0	7433	0.07	0.12	W/W	32.7
7	格尔木大格勒	5.2	5.8	137.0	197.0	7095	0.07	0.10	W/W	33.1

续表

风塔编号	测风地点	平均风速/(m/s)		风功率密度/(W/m²)		有效小时数/h	湍流强度	切变指数	最多风向/主风能方向	50年一遇最大风速/(m/s)
		10 m	70 m	10 m	70 m					
8	大柴旦锡铁山	5.3	6.4	184.0	315.0	7419	0.08	0.12	WNW/WNW	32.0
9	大柴旦锡铁山	4.6	6.1	59.5	193.2	7288	0.07	0.15	WNW/WNW	32.0
10	大柴旦锡铁山	5.4	6.5	140.6	238.6	7419	0.07	0.09	WNW/WNW	25.8
11	德令哈尕海	4.8	6.0	111.6	224.0	6511	0.08	0.12	WNW/WNW	32.0
12	德令哈尕海	4.6	6.3	112.3	254.7	6834	0.09	0.11	E/E	35.7
13	德令哈尕海	5.0	6.4	127.0	252.0	6745	0.08	0.11	WNW/WNW	31.8
14	都兰诺木洪	5.3	7.0	154.0	353.4	6929	0.08	0.13	WNW/WNW	31.2
15	都兰诺木洪	5.7	7.0	159.0	333.0	7500	0.08	0.11	W/WNW	28.3
16	都兰诺木洪	5.1	6.2	140.0	263.0	7061	0.07	0.09	W/W	28.4
17	都兰诺木洪	5.4	7.0	143.8	339.2	5255	0.12	0.13	WNW/WNW	28.3
18	乌兰茶卡	5.0	6.4	140.0	271.3	6335	0.10	0.14	NW/WNW	32.9
19	茶卡(小水桥)	5.9	7.1	206.0	410.0	6854	0.09	0.11	W/SW	29.1
20	茶卡(大水桥)	5.4	6.6	169.7	317.6	6047	0.09	0.10	WNW/W	46.4
21	乌兰茶卡	5.4	6.8	169.7	327.0	6849	0.09	0.10	WNW/WNW	32.9

注:本节利用的数据为企业测风塔数据,故无小灶火站。

各个测风塔70 m高度上年平均风速一般都在5～7.5 m/s,年平均风功率密度也基本大于130 W/m²,部分地点甚至大于400 W/m²,大部分风电场风能资源丰富,符合建设大型风电场的资源条件。其中,茫崖70 m高度年平均风速一般为6.9～7.5 m/s,年平均风功率密度在400～450 W/m²,3～25 m/s风速占比70%～80%;诺木洪地区年平均风速为6～7 m/s,年平均风功率密度为260～350 W/m²,3～25 m/s风速占比为80%;格尔木大格勒、乌兰茶卡、天峻快尔玛、德令哈尕海、大柴旦锡铁山年平均风速在6～6.5 m/s,年平均风功率密度为200～300 W/m²,3～25 m/s风速占比在80%以上。

(1)风速与风功率密度。10 m高度上,各测风塔风速在4.0～6.3 m/s,平均风速为5.3 m/s,各测风塔年平均风功率密度在59.5～261.7 W/m²,平均年风功率密度为157.3 W/m²;70 m高度上,各测风塔风速在5.1～7.5 m/s,平均风速为6.5 m/s,各测风塔年平均风功率密度在187.5～459.4 W/m²,平均年风功率密度为297.8 W/m²。

(2)有效小时数。各测风塔70 m高度上的有效小时数在5255～7500 h,平均有效小时数为6805.8 h,占全年总时数的78%。共有8个测风塔有效小时数超过7000 h,其中有效小时数较大的区域为都兰诺木洪(15号)、格尔木大格勒(6号)、大柴旦锡铁山(8、9、10号),其有效小时数均在7200 h以上,占全年总时数的83%以上,有效小时数最低的是都兰诺木洪(17号),有效小时数为5225 h,占全年总时数的60%。

(3)湍流强度。因为湍流会对风力发电机组性能产生不利影响,主要表现在减少输出功率,还可能引起极端荷载,最终削弱和破坏风力发电机组,所以湍流强度分析也是评估风能资源可利用性的重要参数。依据《风电场风能资源评估方法》(GB/T 18710—2002)中对于湍流强度等级的划分,湍流强度在 0.10 或以下表示湍流相对较弱,中等程度的湍流强度值为 0.10～0.25。

各测风塔 10 m/70 m 湍流强度在 0.07～0.16,平均湍流强度为 0.09,大部分测风塔湍流强度均处于强度较小的等级,其中大柴旦锡铁山(10 号)、茫崖黄瓜梁、冷湖茶冷口、格尔木大格勒(6、7 号)、大柴旦锡铁山(9 号)等地湍流强度为 0.07,仅有都兰诺木洪(17 号)、茫崖石棉矿(2 号)、冷湖丁字口 3 个测风塔湍流强度大于 0.10,为中等湍流强度。

(4)切变指数。各测风塔 10 m/70 m 切变指数在 0.06～0.15,平均切变指数为 0.11,其中切变指数较大的区域为大柴旦锡铁山(9 号)、乌兰茶卡(18 号)、冷湖茶冷口、都兰诺木洪(17、14 号),切变指数均大于 0.13,而茫崖石棉矿切变指数最小(0.06),大柴旦锡铁山(10 号)、都兰诺木洪(16 号)、冷湖丁字口切变指数为 0.09。

(5) 50 a 一遇最大风速。各测风塔 50 a 一遇最大风速分布在 25.8～46.35 m/s,平均 50 a 一遇最大风速为 34.6 m/s。其中茶卡大水桥(20 号)50 a 一遇最大风速达到了 46.35 m/s,其余各区域均小于 35.7 m/s,最小为大柴旦锡铁山(10 号)的 25.8 m/s。在建设风电场时可以用 IEC 标准中抗风等级为Ⅲ类的风机,而 20 号塔区域内则需要使用 IEC 标准中抗风等级为Ⅰ类的风机。

4.3 100 m 高度风能资源特征分析

柴达木盆地 100 m 高度风能资源数据是采用中国气象局风能资源数值模拟评估系统(WERAS/CMA)模拟的,水平分辨率 1 km×1 km,该系统包含典型地形分类模块、中尺度模式 WRF 和 CALMET 动力诊断模式。从历史上出现过的天气类型中随机抽取典型日进行逐时风速模拟,再根据天气型出现的频率统计分析得到风能资源的气候平均分布,代表 30 a 的平均值和统计特征。数据经过了气象站观测资料的检验和订正,主要用于风能资源详查和风电场宏观选址。通过 GIS 扣除不可开发风电场的区域,计算受到上述制约因素影响区域内的风能开发土地可利用率。将不可用于开发风电的区域的土地可利用率设置为 0,如自然保护区、水体、城镇等;不同的地形坡度和植被覆盖类型设置不同的土地可利用率(表 4.3)。

表 4.3 风能资源可开发利用条件的 GIS 分析原则

限制条件		土地可利用率
地形坡度/%	$\alpha \leqslant 3$	1
	$3 < \alpha \leqslant 6$	0.5
	$6 < \alpha \leqslant 30$	0.3
	$\alpha > 30$	0
土地利用类型	自然保护区	0
	水体	0
	草地	0.80
	灌木	0.65
	森林	0.20
	城市及周边 3 km 范围	0

根据年平均风速和土地可利用率联合判定可利用风能资源等级。在可利用风能资源等级划分标准(表4.3)中,将土地可利用率从0到1等间距划分为5个区;将年平均风速划分为5档:4.8~5.8 m/s、5.8~6.5 m/s、6.5~7.0 m/s、7.0~7.5 m/s、≥7.5 m/s。

通过数值模拟分析得出,1991—2021年范围柴达木盆地各地100 m高度风速为3.4~9.8 m/s,大部分地区风速高于4.5 m/s(图4.5a)。风功率密度在127.7~828.8 W/m^2(图4.5b)。各地风速和风功率密度空间分布形势一致,高值区主要位于格尔木和都兰南部、茫崖和德令哈北部、天峻西部、乌兰中东部等地区,风速为6.3~9.8 m/s,风功率密度在400 W/m^2以上。次高值区位于茫崖中部、格尔木北部、天峻东部、都兰西部、乌兰大部分区域等地区,风速为4.4~6.3 m/s,风功率密度在196~400 W/m^2。其他地区为风能资源低值区,风速为3.4~4.4 m/s,风功率密度为120~196 W/m^2。

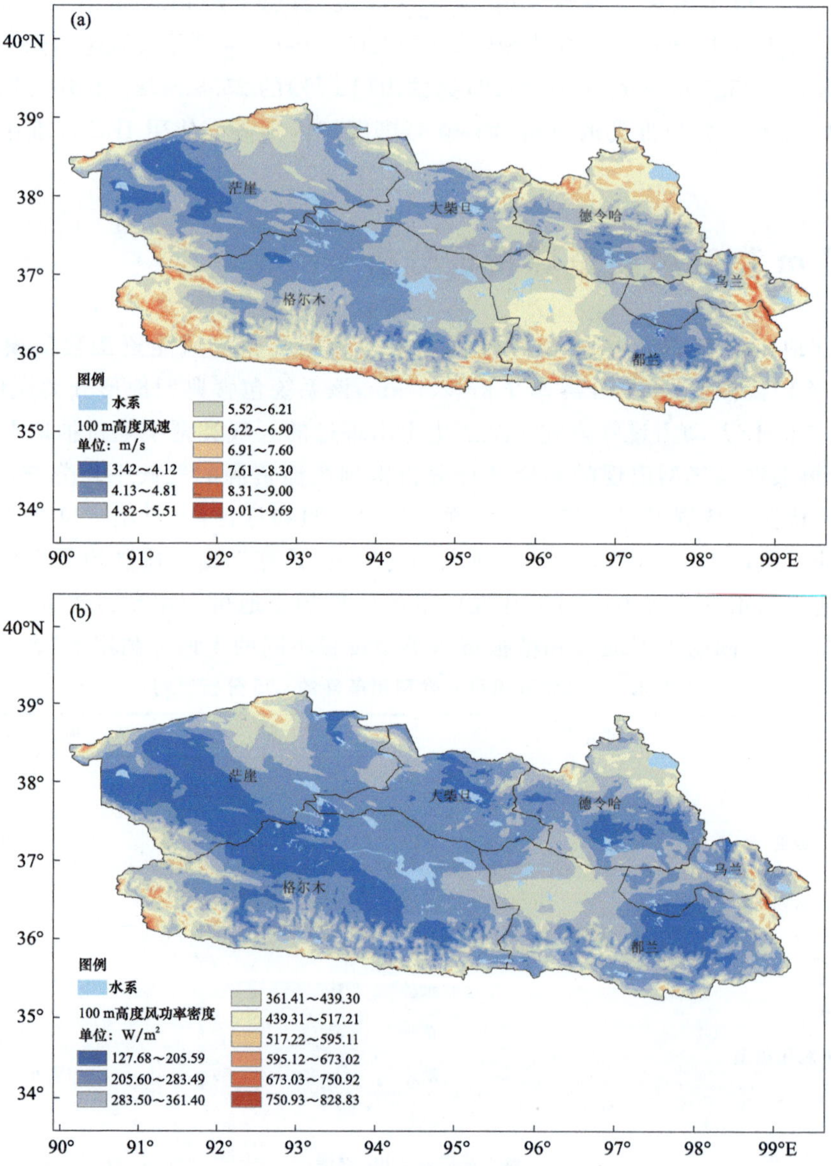

图4.5 柴达木盆地100 m高度风速(a)与风功率密度(b)空间分布

第 5 章　影响风能、太阳能开发的气象灾害分析

气象灾害对风能、太阳能资源开发利用会产生一定的负面影响。如冰雹会损坏电场设施；大风会对风机及光伏组件直接造成风压冲击，同时风电场风机选型也与当地 50 a 一遇风速密切相关；浮尘、扬沙、沙尘暴等会增加大气浑浊度进而影响太阳辐射以及风机运行；雷电会对光伏电站及风电场设施造成破坏，积雪覆盖会阻挡太阳辐射；当气温高于 25 ℃时电池组件储电性能开始衰减，光伏电厂光电转换效率也会严重下降；低温霜冻会对风机组件以及输电线路产生不利影响等。因此，对柴达木盆地影响风电场及光伏电站的主要气象灾害做简要分析，具体情况如下。

5.1　冰雹

1991—2021 年柴达木盆地共出现冰雹 28 d，冰雹灾害出现较少。其中 1993 年冰雹出现日数最多，平均出现 2.1 d，2017 年、2019 年和 2020 年最少，平均出现 0.2 d(图 5.1)。

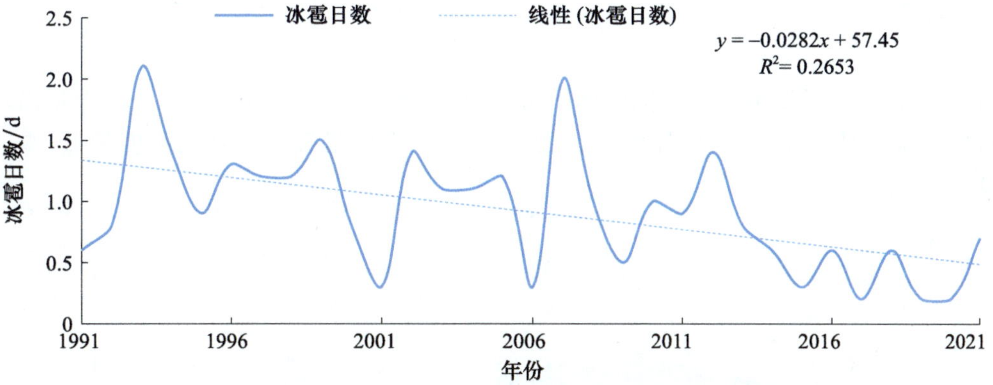

图 5.1　1991—2021 年柴达木盆地各站平均冰雹日数年际变化

从空间分布来看，小灶火、格尔木、诺木洪冰雹出现日数较少，1991—2021 年冰雹出现日数不超过8 d，德令哈、茶卡、乌兰出现日数最多，累计出现 43 d 以上。

5.2　浮尘、扬沙、沙尘暴

1991—2021 年柴达木盆年平均沙尘暴日数为 11 d，沙尘暴日数呈减少趋势，平均每 10 a 减少 3 d(图 5.2)。

从空间分布来看，大柴旦、德令哈、乌兰、冷湖、诺木洪浮尘、扬沙、沙尘暴累计出现日数较少，年均 20 d 以内，小灶火、茫崖、格尔木出现最多，年均在 30 d 以上(表 5.1)。

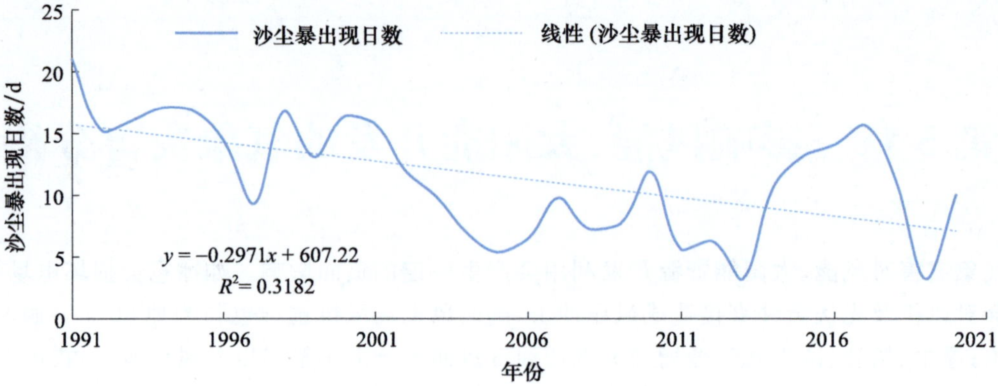

图 5.2　1991—2021 年柴达木盆年沙尘暴日数变化曲线

表 5.1　1991—2021 年柴达木盆地各站年平均浮尘、扬沙、沙尘暴日数

站点	茫崖	冷湖	小灶火	大柴旦	德令哈	格尔木	诺木洪	乌兰	都兰	茶卡
浮尘年平均数/d	12	5	9	3	5	6	5	5	5	7
扬沙年平均数/d	18	7	25	3	5	17	11	6	12	11
沙尘暴年平均数/d	9	4	6	1	4	7	3	3	3	3
合计/d	38	16	40	8	14	30	18	14	19	22

5.3　雷暴

1991—2021 年柴达木盆地区域内地闪密度在 0.3～11.0 次/(km^2 · a)。其中雷击地闪密度在盆地以东的乌兰较高，其次是德令哈，茫崖、冷湖、大柴旦等地区地闪密度最低，雷击风险最小(图 5.3)。

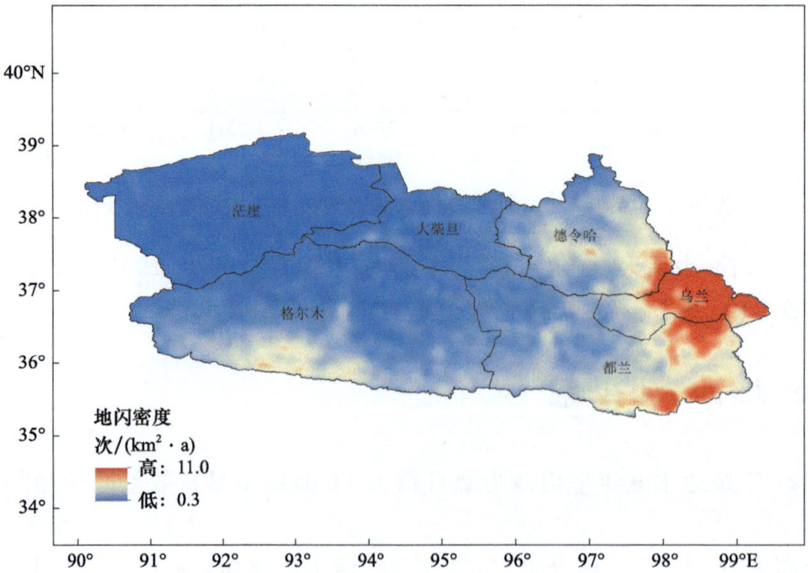

图 5.3　柴达木盆雷击地闪密度空间分布

5.4　积雪

1991—2021 年盆地各站积雪日数年平均 14 d，其中出现最多的年份是 2021 年，平均出现 30 d，最少的是 2001 年，平均出现 3 d，整体呈现振荡上升趋势（图 5.4）。

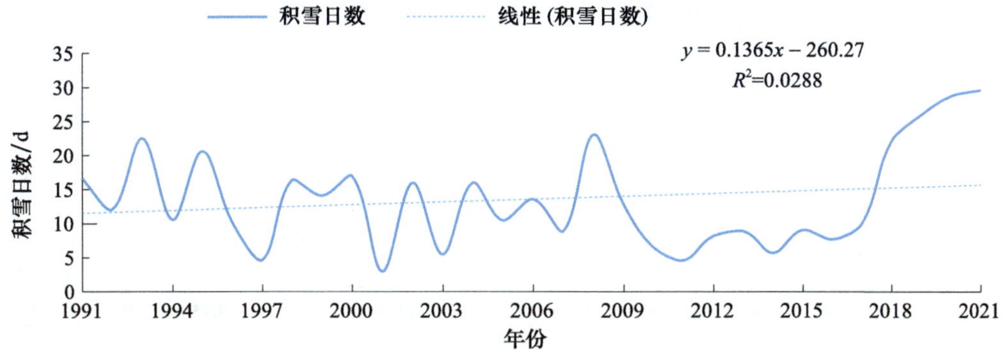

图 5.4　1991—2021 年柴达木盆平均积雪日数年际变化

从空间分布来看，茫崖、冷湖、小灶火、格尔木、诺木洪积雪日数出现较少，年均出现不超过 5 d，德令哈、都兰出现最多，年均出现 31 d 以上。

5.5　霜冻

1991—2020 年柴达木盆地年平均霜冻日数为 12.7 d，低温霜冻主要出现在 4 月、5 月和 10 月，占比达到 76%。其中低温霜冻日数出现最多的年份是 2014 年，平均出现 14.9 d；最少的是 2019 年，平均出现 10.7 d（图 5.5）。

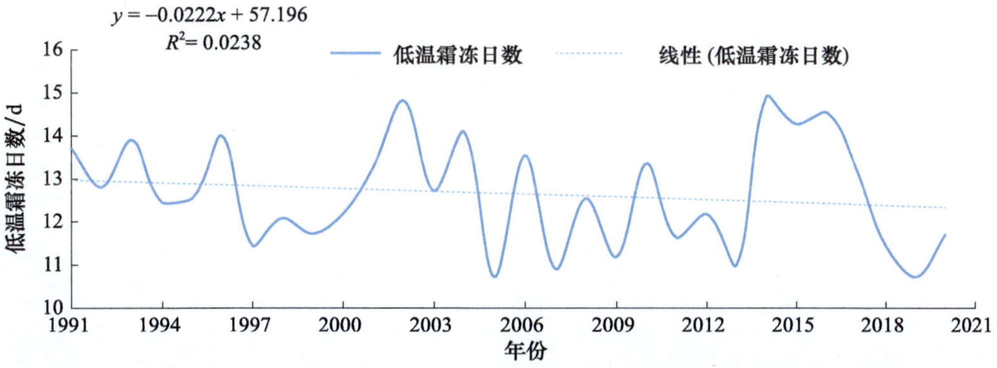

图 5.5　1991—2020 年柴达木盆地各站平均低温霜冻日数年际变化

从空间分布来看，格尔木、德令哈、诺木洪、茫崖霜冻出现日数较少，茶卡、大柴旦、小灶火、冷湖出现相对较多。

5.6 高温

1991—2021 年盆地各站高温日数年平均 3 d,其中出现最多的年份是 2010 年,全年 10 个站共出现 110 d,最少的是 1992 年,全年 10 个站共出现 3 d,整体呈现振荡上升趋势(图 5.6)。

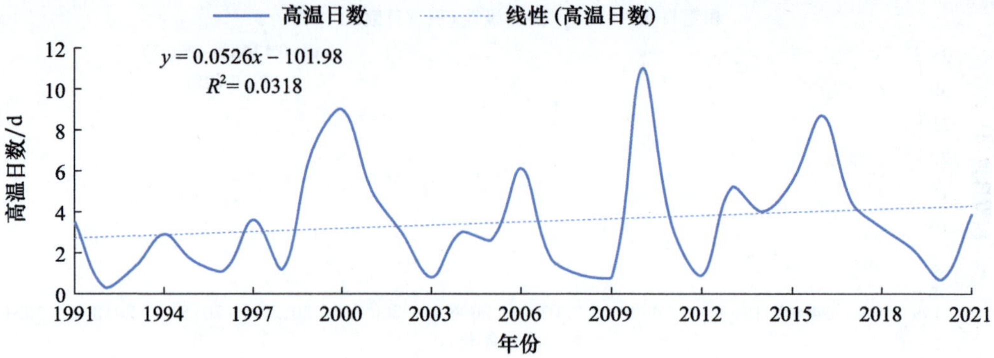

图 5.6 1991—2021 年柴达木盆地高温日数年际变化曲线

从空间分布来看,茫崖、冷湖、小灶火、格尔木、诺木洪高温出现日数较少,年均出现不超过 5 d,德令哈、都兰出现最多,年均出现 31 d 以上。

第6章 风能、太阳能资源互补特征分析

6.1 风能、太阳能资源互补性分析

6.1.1 基于日照时数和风速的互补性评价

利用1991—2022年各站逐时风速和逐时日照时数为源数据计算两种资源的Pearson相关系数，表征其小时尺度上的互补性(正数表示二者正相关，数值越大互补性越弱，负数表示二者负相关，数值绝对值越大互补性越强)(表6.1)。

从各站来看，茫崖、冷湖、大柴旦、茶卡、乌兰一年12个月均呈现可互补；其次是小灶火，6个月为互补，而德令哈、诺木洪、都兰分别为4个月、4个月、2个月；格尔木则呈现全年不互补(表6.2)。整体来看，茫崖5—6月互补性最强，德令哈11月互补性最弱。

表6.1 风能、太阳能资料互补性相关系数表

站点	1月	2月	3月	4月	5月	6月	7月	8月	9月	10月	11月	12月
茫崖	−0.26	−0.30	−0.37	−0.44	−0.47	−0.50	−0.46	−0.45	−0.43	−0.33	−0.27	−0.26
冷湖	−0.17	−0.26	−0.36	−0.39	−0.37	−0.40	−0.36	−0.35	−0.32	−0.33	−0.23	−0.16
小灶火	−0.01	−0.03	−0.08	−0.08	0.01	0.07	0.09	0.14	0.11	0.01	−0.04	−0.03
大柴旦	−0.24	−0.30	−0.35	−0.34	−0.32	−0.30	−0.24	−0.24	−0.28	−0.33	−0.29	−0.22
德令哈	0.18	0.16	−0.02	−0.09	−0.06	−0.01	0	0.05	0.06	0.10	0.23	0.19
格尔木	0.01	0	0	0.02	0.10	0.15	0.13	0.21	0.16	0.09	0.01	0.01
诺木洪	−0.01	−0.02	−0.03	0.03	0.08	0.08	0.09	0.15	0.11	0.03	0.01	−0.01
乌兰	−0.16	−0.22	−0.23	−0.18	−0.18	−0.10	−0.16	−0.16	−0.13	−0.17	−0.20	−0.17
都兰	0.14	0.13	0.03	−0.02	−0.01	0.03	0.02	0.04	0.06	0.07	0.16	0.16
茶卡	−0.31	−0.32	−0.28	−0.25	−0.28	−0.30	−0.29	−0.30	−0.27	−0.27	−0.30	−0.28

表6.2 柴达木盆地各站互补月份统计表

站点	茫崖	冷湖	小灶火	大柴旦	德令哈
互补月份	1—12月	1—12月	1—4月、11—12月	1—12月	3—6月
站点	格尔木	诺木洪	乌兰	都兰	茶卡
互补月份	无	1—3月、12月	1—12月	4—5月	1—12月

从各月来看，3—4 月柴达木盆地互补范围最广，8 个站均呈现互补，约占盆地总面积的 80%以上；1、2、5、12 月为 7 站互补，约占盆地面积的 60%～70%；11 月为 6 站互补，约占盆地面积的 50%左右；6—10 月为 5 站互补，约占盆地总面积的 40%左右。依此看出，柴达木盆地春季资源互补范围较广，夏、秋季范围相对较小(图 6.1)。

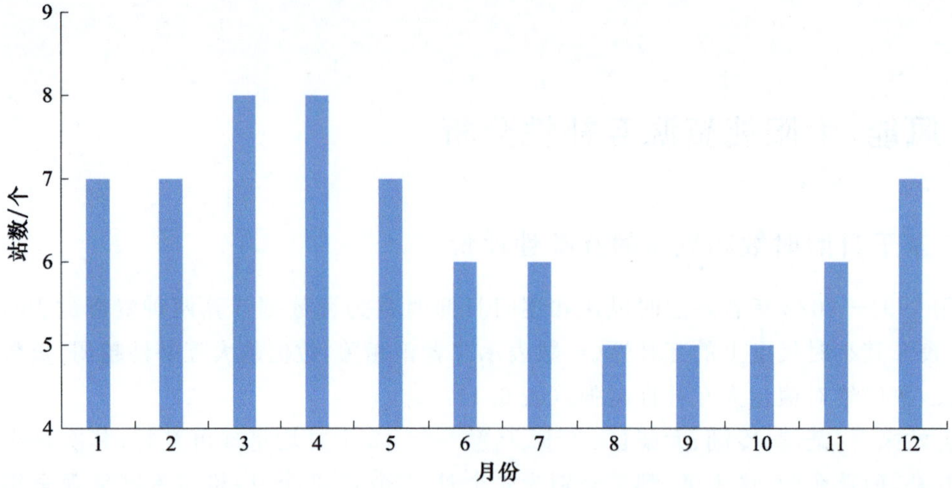

图 6.1　柴达木盆地逐月互补站数统计

6.1.2　各地互补性年际变化趋势

通过分析逐时风速与逐时日照时数的相关关系，1991—2022 年，小灶火、德令哈、格尔木、诺木洪、都兰地区风能、太阳能的互补性相对较弱，冷湖、茫崖、大柴旦、乌兰、茶卡互补性较强(图 6.2)。

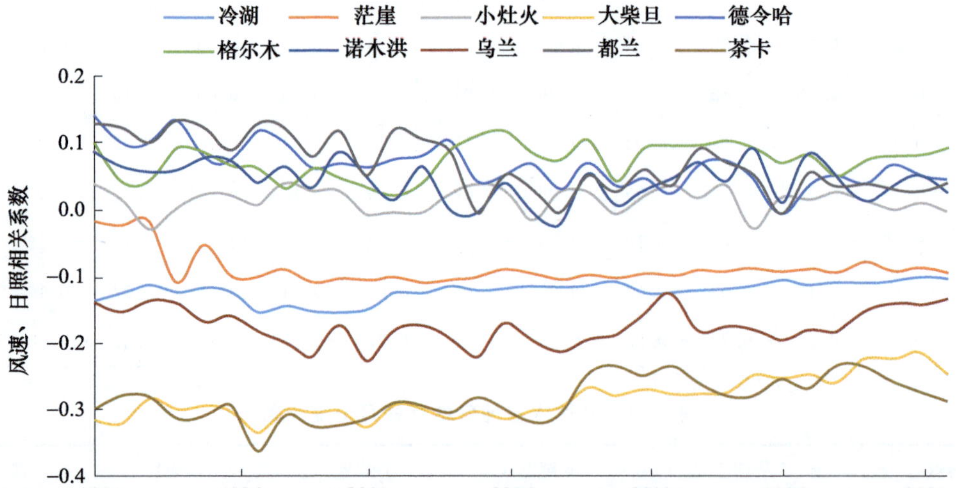

图 6.2　1991—2022 年柴达木盆地各地区风能、太阳能互补性年际变化

从互补性的时间变化趋势来看，冷湖、小灶火、德令哈、诺木洪、都兰互补性随时间变化呈增强态势，其余各地在逐年减弱。

6.2　各地区 2022 年互补稳定性分析

6.2.1　各地区稳定性分析

通过对柴达木盆地 2022 年各站逐时风速与日照时数的变异系数(COV，计算方法见 2.2 节)分析，计算每日的稳定性指标，即变异系数增量(ΔCOV)，来判定资源互补后是否对资源转化稳定性提升有贡献。

分别计算 2022 年柴达木盆地各站风速、日照时数的变异系数(COV_1、COV_2)以及二者叠加后的日稳定性指标(COV_3)年变化曲线(图 6.3)。从图中可以看到，风速的日变异系数整体上明显低于日照时数，且资源叠加后，变异系数明显减小。而风能、太阳能资源利用比为 1∶1 时，变异系数变化曲线接近于风资源自身的年变化。经统计得到柴达木盆地 2022 年平均有 217.8 d，COV_3 小于当天 COV_1 和 COV_2 的最小值(表 6.2)，即有 217.8 d 的变异系数增量(ΔCOV)取值为负，表明资源叠加后有 217.8 d 资源转化稳定性得到提升。

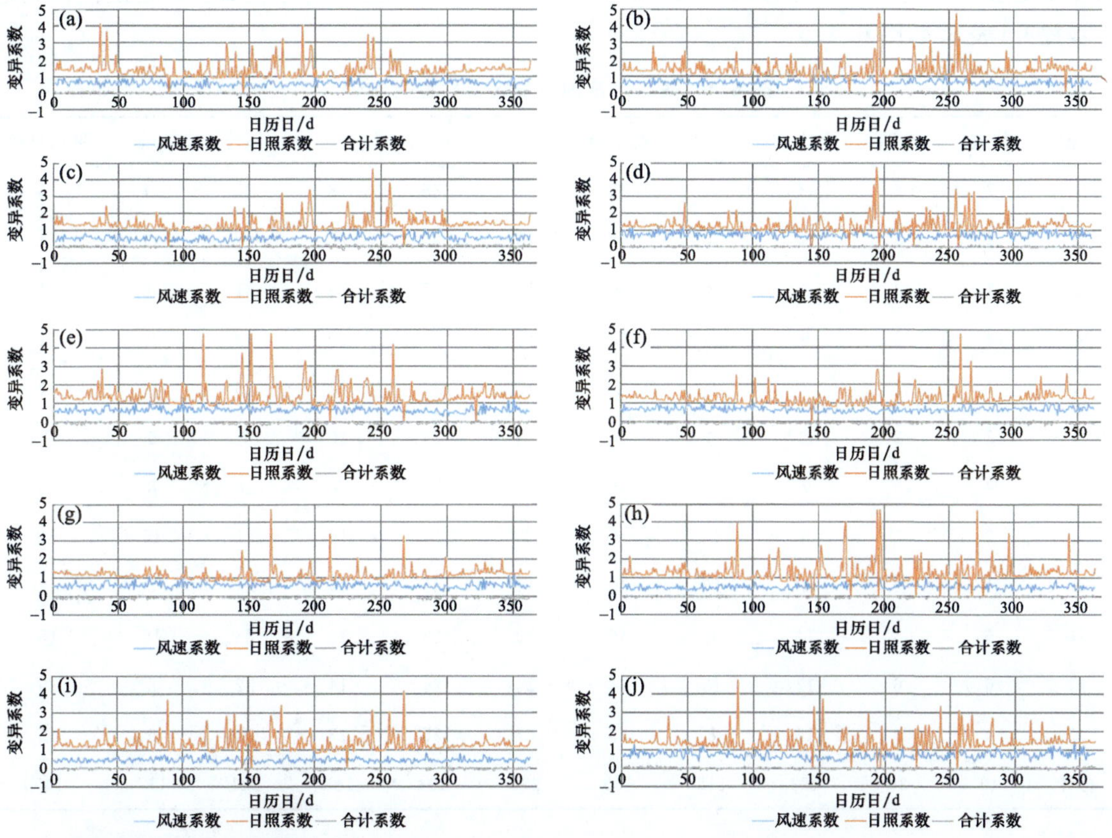

注：日历日是指一年的第一天到最后一天。

图 6.3　2022 年柴达木盆地各地区风速与日照时数稳定性

(a)茫崖，(b)冷湖，(c)小灶火，(d)大柴旦，(e)德令哈，(f)格尔木，(g)诺木洪，(h)乌兰，(i)都兰，(j)茶卡由各站逐时风速和逐时日照时数计算变异系数增量，统计风能、太阳能资源互补稳定日数（表 6.3）。从各站稳定日数分布情况来看，稳定性表现最好的是冷湖，达到 329 d，占全年日数的 90.1%；其次是茫崖，为 325 d，占全年总日数的 89.0%。最差的是诺木洪，稳定日数仅为 71 d，占全年总日数的 19.5%。

表 6.3　2022 年柴达木盆地各站稳定日数统计

站点	茫崖	冷湖	小灶火	大柴旦	德令哈
稳定日数/d	325	329	242	247	210
稳定日数占比	89.0%	90.1%	66.3%	67.7%	57.5%
站点	格尔木	诺木洪	乌兰	都兰	茶卡
稳定日数/d	165	71	197	144	248
稳定日数占比	45.2%	19.5%	54.0%	39.5%	67.9%

6.2.2　不稳定日数时间分布

从不稳定日数时间分布来看，夏季不稳定日数明显小于其他三季，其中 6 月平均不稳定日数最少，为 9 d，占月总天数的 30%，而 1 月不稳定日数最多，达到 16 d，占月总天数的 52%，说明夏季随着太阳直射点向北移动，柴达木盆地各站日照时数增多，资源叠加状态稳定性得到进一步提升（表 6.4，图 6.4）。

表 6.4　柴达木盆地不稳定日数逐月统计　　单位：d

月份	茫崖	冷湖	小灶火	大柴旦	德令哈	格尔木	诺木洪	乌兰	都兰	茶卡	平均日数
1	7	4	14	14	23	24	25	13	22	11	16
2	4	5	14	9	18	15	23	15	22	13	14
3	1	3	8	8	6	15	22	15	21	8	11
4	4	2	9	7	13	11	24	15	18	9	11
5	1	1	7	6	7	15	27	12	15	6	10
6	2	2	11	6	6	13	24	10	7	5	9
7	2	3	7	7	10	11	27	9	18	8	10
8	3	1	5	15	9	9	20	19	11	16	11
9	1	1	8	17	10	14	25	14	21	8	12
10	5	5	14	6	16	22	28	19	23	16	15
11	6	6	12	15	14	24	24	14	22	8	15
12	4	3	14	8	23	27	25	13	21	9	15
合计	40	36	123	118	155	200	294	168	221	117	147

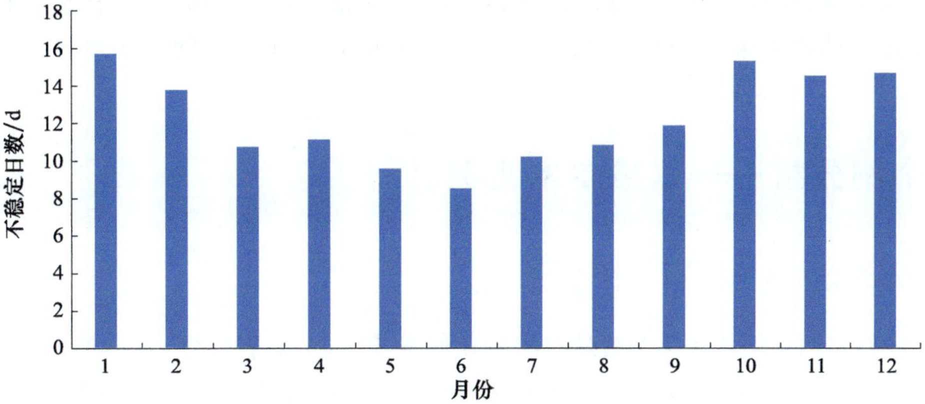

图 6.4　柴达木盆地不稳定日数逐月变化

6.2.3　不稳定日数空间分布

从各站分布情况来看，不同地区逐月不稳定日数变化趋势不同，大致可以分为以下三类。

茫崖、冷湖、都兰：1—6 月不稳定日数逐渐减少，7—10 月振荡变化后开始增多，11 月达到峰值后又开始减少（图 6.5a）。

诺木洪、小灶火、格尔木、德令哈：全年处在振荡变化过程中（图 6.5b）。

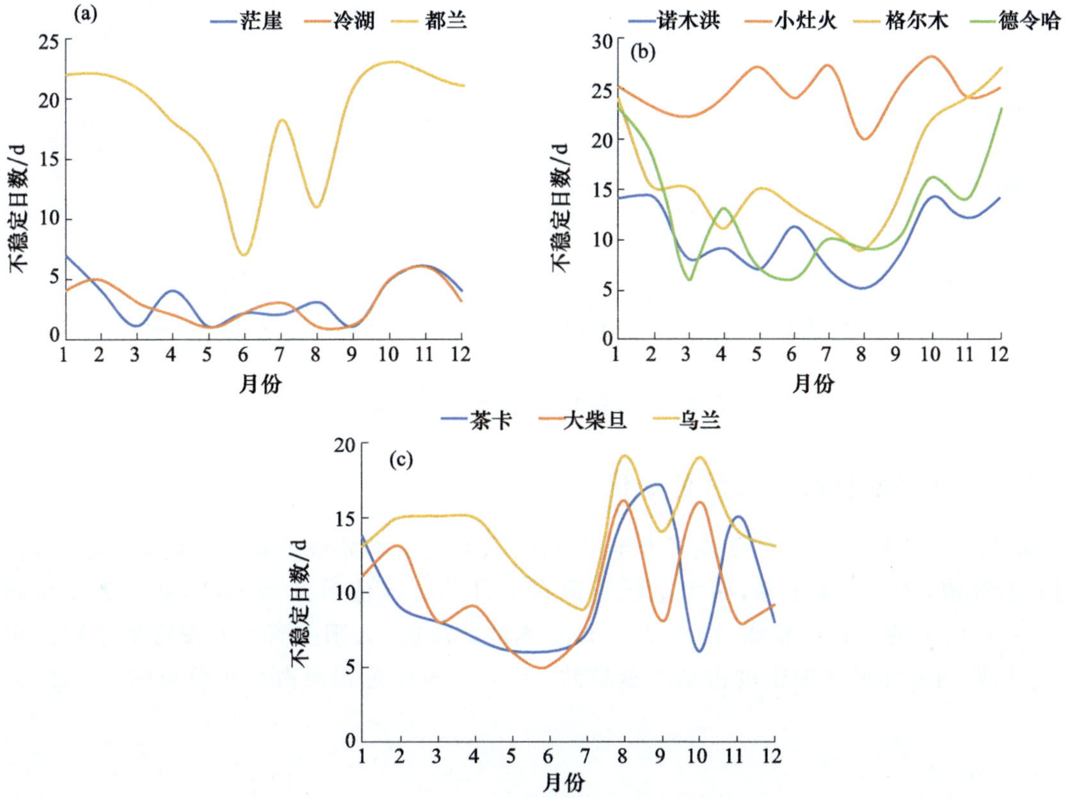

图 6.5　柴达木盆地不同地区不稳定日数月变化

茶卡、大柴旦、乌兰：1—6 月逐渐减少，7—12 月振荡变化（图 6.5c）。产生不同月变化的原因可能是纬度差异导致的日照时数差异与下垫面差异导致的风场差异共同作用的结果。

6.3 个例分析——以格尔木为例

6.3.1 风功率密度与总辐射日变化

2022 年格尔木日均风功率密度随时间呈现振荡变化，主要表现为，03—09 时风功率密度持续降低，09 时达到最低值，09—14 时持续升高，14—18 时风功率密度又开始降低，18—21 时风功率密度升高，21 时—次日 03 时风功率密度维持在一个较高水平。

格尔木日均总辐射随时间呈现单峰型变化，主要表现为，00—05 时以及 18－23 时为 0；05—12 时随着太阳高度角增大，总辐射持续增大，12—18 时总辐射随时间减小。

从二者的时间变化上来看，早上风功率密度减弱时，总辐射在增大，尤其是 05—09 时，风功率密度与总辐射相关系数达到－0.95，且夜间无辐射时，风功率密度基本处在一个较高水平，二者有一定的此消彼长的趋势。由此可以断定格尔木地区风能、太阳能资源存在一定的互补性，并且风能、太阳能的互补开发有利于提升能源输出的稳定性（图 6.6）。

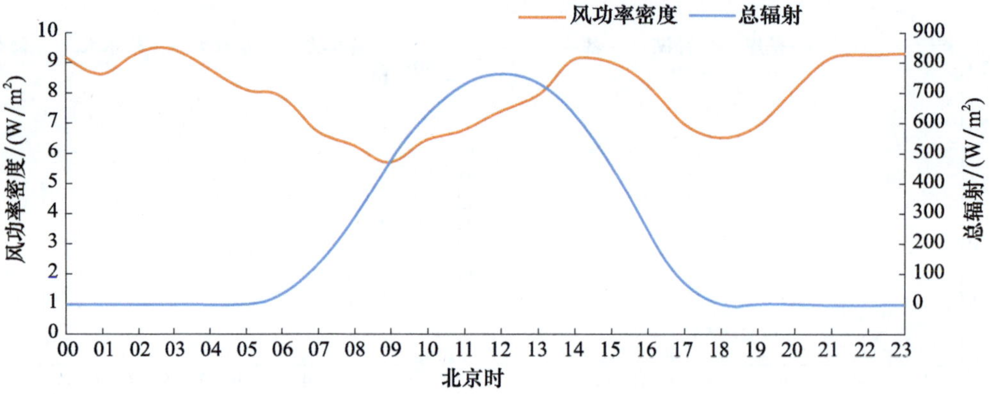

图 6.6　总辐射与风功率密度日变化

6.3.2 风功率密度与总辐射月变化

从月尺度变化上看，格尔木地区上半年风能、太阳能资源始终处在上升阶段，风能资源在 5 月达到峰值，之后持续下降，而太阳能资源在 7 月达到峰值后开始下降，从二者变化趋势上看，月尺度上的互补性较弱（图 6.7）。格尔木地区风能、太阳能资源开发潜能主要集中在 3—9 月，期间累计风功率密度占全年总量的 77.3%，累计总辐射占全年总量的 71.4%。

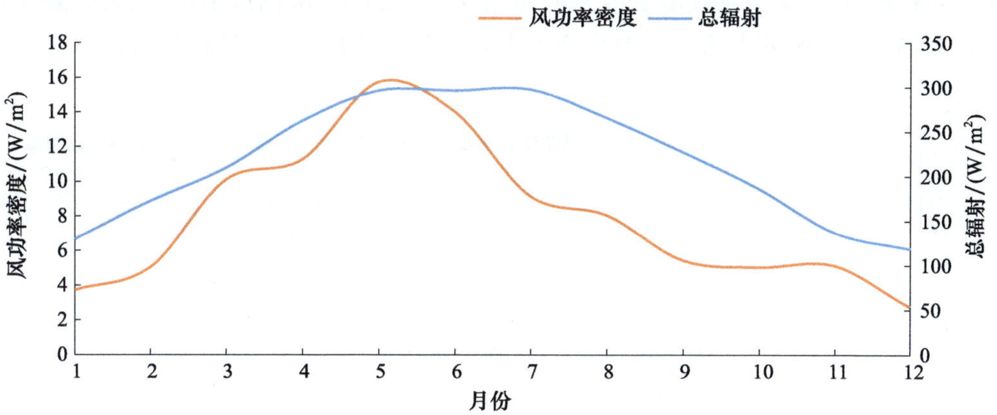

图 6.7 总辐射与风功率密度月变化

6.3.3 不同高度风能、太阳能资源互补特征分析

(1)10 m 高度互补性分析

利用格尔木站 10 m 高度的分钟风速计算逐时风功率密度，再结合逐时太阳总辐射，计算年内逐日风功率密度和总辐射的相关系数，相关系数为负表示有互补性，且结果越接近−1，表示互补性越强。

经计算，2022 年格尔木有 246 d 具备互补性，占全年天数的 67.4%，其中有 41 d 互补性较强，其相关系数小于−0.5。

从互补的月分布来看，3 月、6 月和 9 月相关系数均为正，说明风能、太阳能资源在这 3 个月互补性较弱，而 10 月至次年 1 月，二者逐月的相关系数均小于−0.2，是格尔木地区全年互补性最强的时段(图 6.8)。

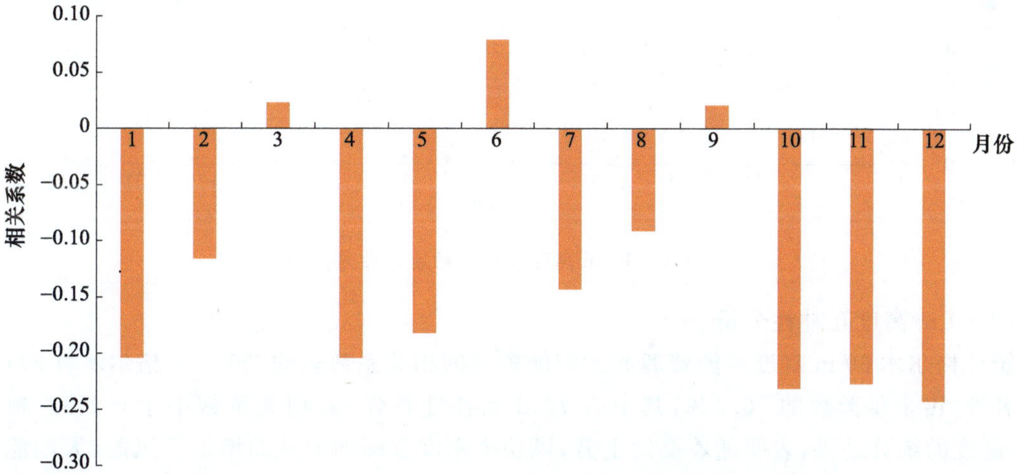

图 6.8 10 m 高度总辐射与风功率密度相关系数月变化

(2)10 m 高度互补稳定性分析

通过对 2022 年格尔木地区 10 m 高度上的逐时风功率密度与总辐射变异系数及变异系数

增量统计，得到 308 d 变异系数增量值为负，即格尔木地区 10 m 高度上风能、太阳能资源叠加状态下能量输出趋于稳定状态的日数为 308 d，占全年总日数的 84.4%（图 6.9）。

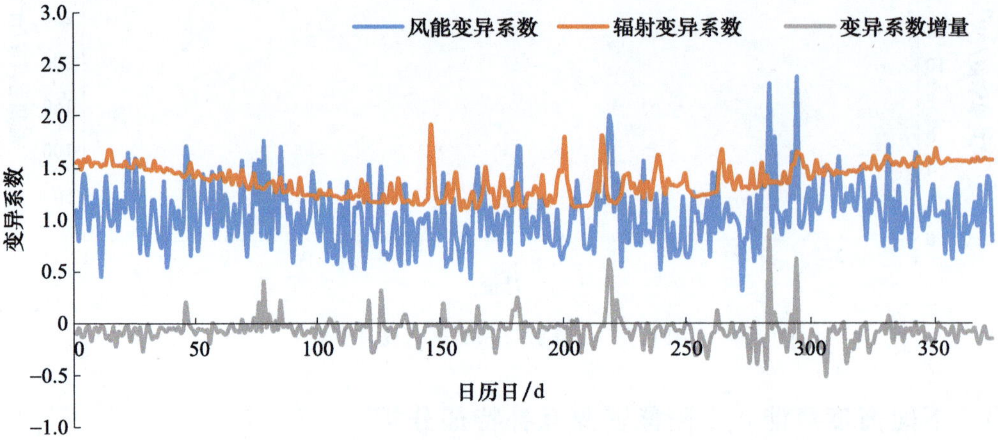

图 6.9　10 m 高度风能太阳能互补稳定性分析

通过对逐月的风能太阳能互补不稳定日数统计分析发现，格尔木地区 10 m 高度 5 月不稳定日数最多，为 9 d；其次是 3 月和 8 月，不稳定日数均为 8 d；1 月和 12 月不稳定日数最少，均仅为 1 d（图 6.10）。这可能与复杂的天气形势有关，尤其是光照条件不好时，资源叠加后主要以风能资源为主，很大程度上削弱了互补后的资源稳定性。

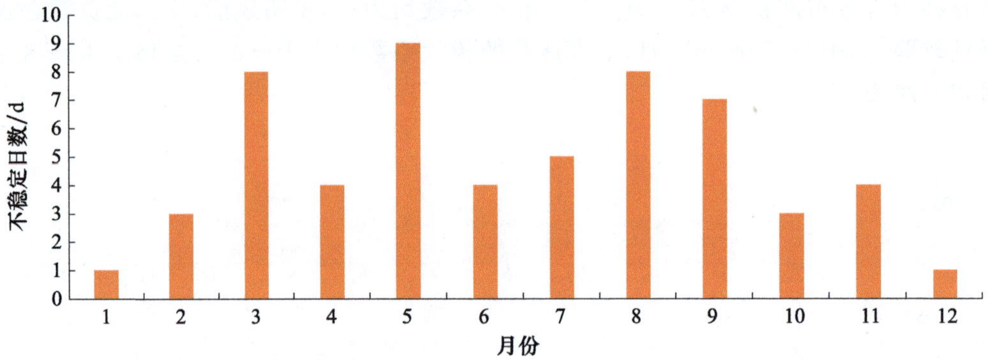

图 6.10　10 m 高度互补不稳定日数月变化

（3）60 m 高度互补性分析

统计格尔木 60 m 高度风能资源和太阳能资源的相关系数表明，2022 年格尔木有 274 d 具备互补性，占全年天数的 75.1%，其中有 70 d 互补性较强，其相关系数小于−0.5。相较于 10 m 高度的统计结果，表明随着高度上升，风功率密度逐渐增大从而增加了风能、太阳能资源的互补性。

从互补性月分布来看，全年仅 3 月的相关系数为正，说明在 60 m 高度上 3 月风能、太阳能资源互补性较弱，5 月、9 月、10 月互补性最强（图 6.11）。

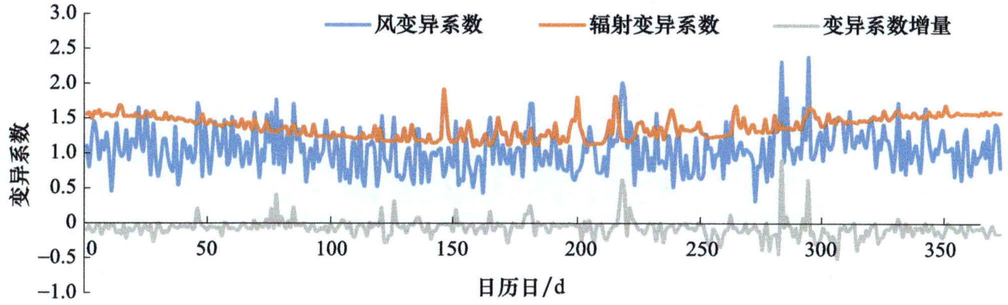

图 6.11　60 m 高度总辐射与风功率密度相关系数月变化

(4)60 m 高度互补稳定性分析

通过逐日统计 2022 年格尔木地区 60 m 高度上的逐时风功率密度与逐时总辐射变异系数与变异系数增量，得到 60 m 高度上风能太阳能资源叠加状态下稳定日数为 315 d，即 315 d 变异系数增量值为负，占全年总日数的 86.3%。不难看出，随着高度升高，风能、太阳能资源互补稳定性也在进一步提升，稳定日数较 10 m 高度多了 7 d(图 6.12)。

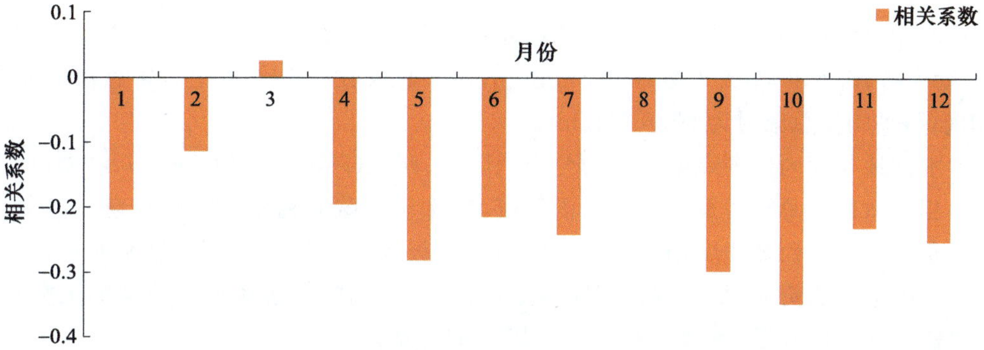

图 6.12　60 m 高度风能太阳能互补稳定性分析

通过对 60 m 高度互补不稳定日数逐月统计分析，发现 3 月不稳定日数最多，为 8 d。其次是 5 月，不稳定日数为 6 d。1 月全月稳定。总体来看随着风功率密度计算高度的上升，不稳定日数减少，其中 1、5、7、8、9 月不稳定日数分别减少了 1 d、3 d、1 d、3 d、3 d；2、3、4、12 月不稳定日数不变；6、10、11 月不稳定日数分别增加 1 d、2 d 和 1 d(图 6.13)。

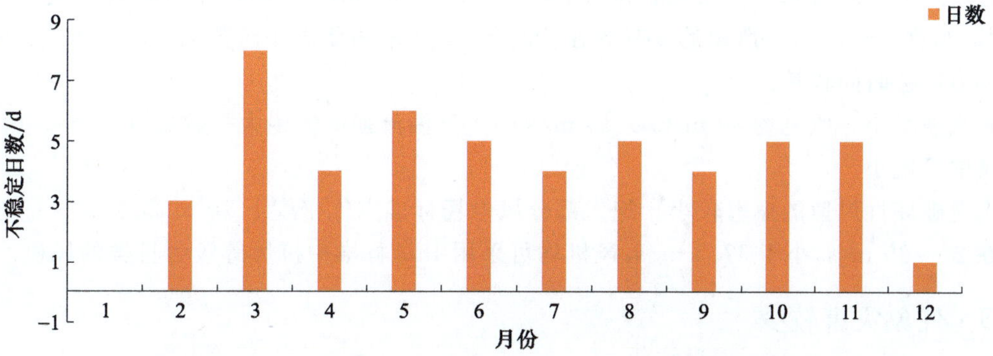

图 6.13　60 m 高度风能太阳能互补不稳定日数月变化

第7章　柴达木盆地风能、太阳能开发利用前景及建议

7.1　风能、太阳能开发利用的有利条件

7.1.1　太阳能资源开发优势

柴达木盆地地势由西北向东南微倾，海拔落差大，大气层相对稀薄，大气透明度高，加之气候干燥，降雨量小，云层遮蔽率低，故太阳能辐射资源十分丰富。其特征为：一是日照时间长，二是光辐射强度大。

柴达木盆地年日照时数平均为 3041 h，各地年晴天天数在 220～339 d，尤其是茫崖、冷湖、大柴旦、德令哈、诺木洪，晴天天数在 300 d 以上，占年总天数的 82%以上。年总辐射为 6601～7065 MJ/m^2，平均年总辐射为 6726 MJ/m^2。

柴达木盆地与国内地理纬度相近的兰州(甘肃)、西安(陕西)、固原(宁夏)、济南(山东)、和田(新疆)相比太阳年总辐射量最大。全国而言，仅次于西藏的葛尔、那曲、拉萨。西藏太阳辐射强主要是由于整个西藏纬度偏低，日照时间长，海拔较高辐射强度大。显而易见，柴达木盆地具有良好的太阳能资源，是发展太阳能事业，造福于人民的理想场所。根据相关分析，光伏并网发电能比相邻的甘肃、新疆多发 15%～25%的电量。

7.1.2　风能资源开发优势

风向稳定。最大风向频率与最大风能方向频率一致性好，有利于风机稳定运行。风能资源丰富区的茫崖、诺木洪、锡铁山、茶卡、冷湖、德令哈尕海主导风多为西北风或西北偏西风，且高、低层最大风向频率方向大致相同，风能主方向与主导风向具有很好的一致性。

有效风力持续时间长。在风能利用上，一般以 3～25 m/s 的风速作为有效风速。各风电场 70 m 高度 3～25 m/s 风速的年时数在 5800～7500 h，占年总小时数的 65%～85%，风速的有效风力持续时间较长。

湍流强度小。风电场 70 m 高度 15 m/s 的大气湍流强度值绝大多数在 0.07～0.12，湍流强度属中等偏小。

出现破坏性风速的概率较小。绝大部分风电场标准空气密度下 70 m 高度 50 a 一遇最大风速在 27～35 m/s，小于 37.5 m/s，风机均可采用 IEC 标准中抗风等级为Ⅲ类的风机。

7.1.3　气象灾害较少

盆地内灾害天气出现较少。随着全球气候变化，低温、沙尘暴、大风日数在明显减少，雷电

日数略有增多，建议加强雷电灾害的防治工作。

7.1.4　社会配套设施便利

风能、太阳能电站规划布置主要考虑太阳能资源、土地资源、电网规划、交通条件等因素。柴达木盆地是青海省风能、太阳能最丰富的地区，可利用面积超过 10 万 km^2，是青海省风能、太阳能可利用土地面积最大的地区，占全省未利用土地面积的 70％以上，地势平坦。目前该地区电网已与青海电网接通，电网已覆盖西至甘森，北至大柴旦，有 315 国道、215 国道、109 国道及青藏铁路从区内通过，交通十分便利。

7.1.5　荒漠区域广阔

根据国家发展和改革委员会文件要求(发改办能源〔2007〕2898 号)，并网光伏示范电站建设占地应该主要是沙漠、戈壁、荒地等非耕地用地。柴达木盆地荒漠地区广阔、地势平坦，为开发利用太阳能提供了有利的地势条件。

7.1.6　风能、太阳能利用市场较大

青海省能源消费以“水电为主、煤炭为辅”。全省工业结构中高耗能工业占有较大比重，用电量占工业用电量的 90％。电源结构中水电比重大，水电具有很好的调峰、调蓄作用，为大规模建设并网光伏电站提供了有利条件。青海省仍属于欠发达地区，生活用能处于较低的水平。青海省保护生态环境、地区经济发展和节能减排的任务十分巨大，发展新型能源是未来保持经济和社会可持续发展的必然趋势。

7.2　柴达木盆地风能、太阳能资源开发建议

(1)加强风能、太阳能资源监测评估。在同等风速条件下，海拔越高风功率密度越低，同纬度地区也会因天气或气候影响导致太阳辐射存在较大差异。建议根据不同地区风能、太阳能资源特点，开展资源精准调查，选择可供大规模开发利用的区域及适合的方法开发，最大化开展风能、太阳能资源利用工作。

(2)提升自然灾害防御能力。推进影响风能、太阳能资源开发利用的低温、雷电和沙尘暴等自然灾害综合风险普查及成果应用，有效规避自然灾害对开发风能、太阳能资源产业的不利影响，提高风能、太阳能资源开发产业抵抗自然灾害能力，促进风能、太阳能资源的开发利用。

(3)加快风能、太阳能科技创新及成果转化。发挥科技创新的支撑引领作用，完善创新体制建设，加快自主创新和技术引进，结合青海本地特色开展技术研发。鼓励和引导企业、高校、科研机构协同创新，加快风能、太阳能开发科技成果转化和应用，助推绿色低碳产业发展。

(4)科学推进风能、太阳能产业基地建设。加快推进沙漠、戈壁、荒漠地区等重点地区的大型风电、光伏基地建设，统筹水、风、光多能源互补，重点深挖柴达木盆地清洁能源开发潜力，稳步推进柴达木盆地风能、太阳能产业基地建设。

(5)建立多元化智能储能系统。新能源为主体的新型电力系统目前面临着发电随机性、负荷扰动以及突发故障等难题，建立大容量、快响应、多层次功率的多元化智能储能系统可及时

平衡新型电力系统的功率波动，同时配合电网调节策略，以满足电力系统调节需求，实现新型电力系统的安全经济运行。

(6)建设清洁能源产业生态链。完善清洁能源产业集群，提升产业附加值，持续壮大产业链，构建线上、线下全面支持的风能、太阳能产业生态圈，加快绿电发展，打造零碳电网，建设零碳产业园，助力青海省早日实现“双碳”目标。

(7)广泛开展风能、太阳能科普宣传。积极开展宣传培训工作，通过媒体广泛宣传风能、太阳能产业发展前景与潜力，正面引导并大力推广使用风能、太阳能产品。持续开展对学校、政府、企业等不同行业人员的风能、太阳能资源开发利用科普宣传工作，增强风能、太阳能资源开发利用群众基础。

(8)建立多部门联合的协同合作机制。气象部门与地方政府相关部门、高校、新能源企业以及相关行业建立有效合作交流机制，及时了解行业需求及痛点，以需求为导向，在数据、核心技术方法，以及相关行业特长方面，多方形成合力，做出新突破，形成新局面。

(9)利用互补特性科学设计生产计划及发展规划。风、光互补规划不仅可以有效提高可再生能源的利用效率，降低能源成本。此外，通过对异地风、光资源互补利用模式的研究，还能弥补不同地区之间能源利用差异。通过对风、光资源的科学规划，可以更好地满足能源调控和应对气候变化等需求。

第二部分

泛共和盆地风能太阳能资源评估

第 8 章　泛共和盆地地理与资源概况

泛共和盆地内有乌兰、茶卡、刚察、海晏、共和、贵德、贵南、兴海、同德、同仁、尖扎共 11 个国家级气象站。盆地位于黄土高原向青藏高原过渡地带，也是祁连山与昆仑山的过渡带，为我国沙漠—黄土边界带的一部分。其范围包括青海省海南州全境，黄南州的同仁、尖扎，海北州的刚察、海晏以及海西州的乌兰（图 8.1）；地理单元上包含三江源地区、东部农业区、环青海湖地区以及柴达木盆地的各一部分；流域上包含黄河流域、湟水河流域、青海湖流域的各一部分，境内地形复杂，有高山、草地、森林、耕地、沙地、荒漠、湖泊等；农牧业布局以牧业为主。泛共和盆地在气候单元上地处亚洲季风区的边缘地带，是亚洲季风环流和中纬度西风环流相互作用的区域，属于典型的高寒干旱、半干旱大陆性气候，干旱少雨，气候温凉、寒冷。境内空气洁净、日照充足、辐射强，太阳能和风能资源丰富，荒漠及半荒漠化土地资源充足。

泛共和盆地是青海省千万千瓦级可再生能源基地、青海省重点打造的五大百万级并网光伏发电园区。其中海南州太阳能资源得天独厚，全年日照时数在 2500 h 以上，截至 2022 年 7 月，海南州千万千瓦级新能源基地入驻光伏及风能企业 84 家，清洁能源装机容量 2664 万 kW，占青海省装机容量的 69%，累计发电 500 亿 kW·h。以共和塔拉滩为主，刚察、乌兰等地光伏产业园组成的泛共和盆地光伏产业初具规模，并呈现出快速发展的良好势头。

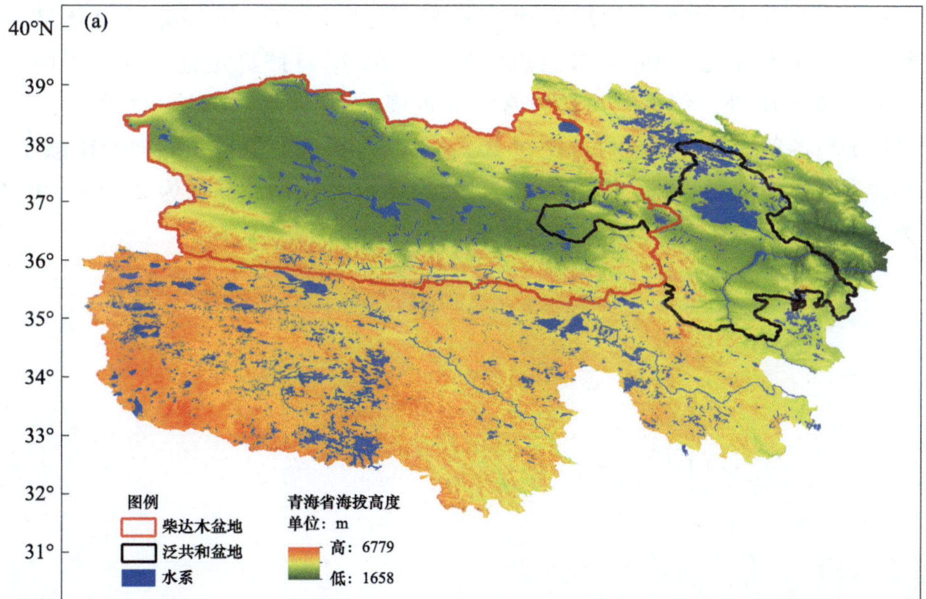

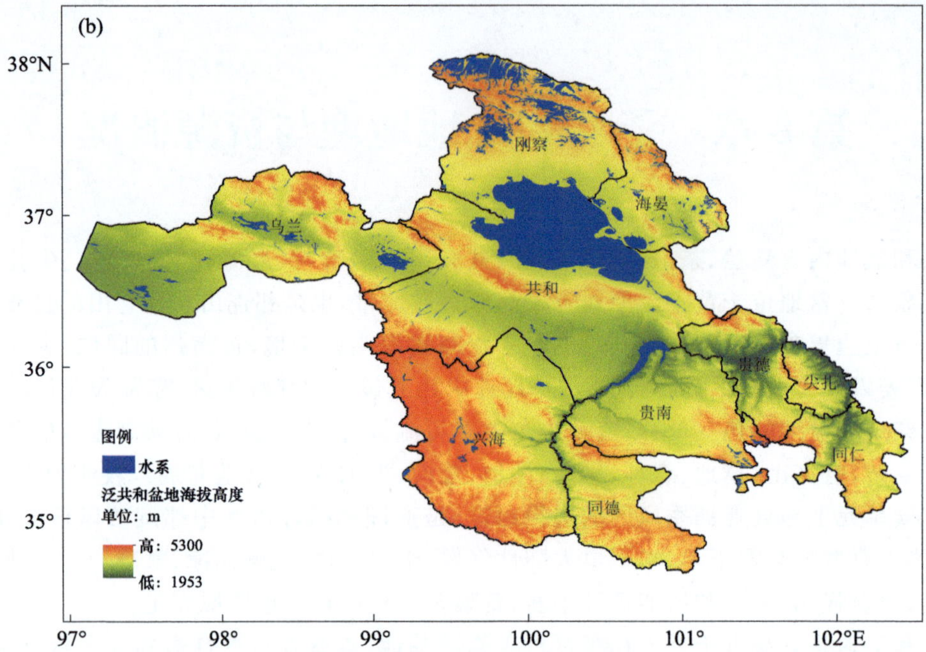

图 8.1　泛共和盆地地理位置图

(a)青海省地形，(b)泛共和盆地地形

1961—2021 年，泛共和盆地年平均风速呈微弱减小趋势，各地年平均风速在 1.50～3.15 m/s；70 m 高度年平均风速在 4.2～7.4 m/s，年平均风功率密度在 106～410 W/m^2；数值模拟的 1978—2008 年泛共和盆地各地 100 m 高度风速在 2.96～9.56 m/s，风功率密度在 94.5～872 W/m^2。1961—2021 年，泛共和盆地年日照时数、年太阳总辐射总体呈减小趋势；年日照时数常年值同仁不足 2500 h，其余地区超过 2600 h；日照稳定性北部好于南部，有效日照天数由北向南逐步减少。年太阳总辐射常年值贵德、尖扎、同仁不足 6000 MJ/m^2，其余地区超过 6300 MJ/m^2；各地太阳直接辐射占比在 50%～60%，基本上呈自东北向西南减小的分布特征。估算泛共和盆地太阳能资源总储量为 4.71×10^{14} MJ，可利用总储量为 2.68×10^{14} MJ，技术可开发量为 4.28×10^{12} MJ，泛共和盆地直接辐射占比在 50%～60%。

第9章　资料来源和评估方法

9.1　资料来源

风能资源评估利用泛共和盆地区域内乌兰、茶卡、刚察、海晏、共和、贵德、贵南、兴海、同德、同仁、尖扎共11个国家级气象站自建站以来10 m高度的风速观测资料、70 m高度处测风塔风速观测资料和100 m高度处风速和风功率密度模拟资料。太阳能资源评估利用泛共和盆地内11个国家级气象站自建站以来的辐射和日照时数观测资料。其中乌兰自1981年有10 m高风速及日照观测资料，海晏自1976年有风速及日照观测资料，其余9个站自20世纪50年代中后期开始有日照观测资料；刚察自1993年开始有总辐射观测资料。同时境内部分地区有短期的测风塔观测资料。分析泛共和盆地年平均风速、日照时数、年总辐射长期变化趋势采用1961—2021年除乌兰、海晏以外9站平均值进行分析，分析空间分布及年内各月变化特征时采用全部11个站1991—2020年平均值，日内逐时变化则采用11站2012—2021年平均值。

9.2　太阳总辐射推算方法

(1)风功率密度计算方法

本研究10 m高度风资料采用国家级气象站观测数据、60 m高度风资料，风功率密度(ω)计算公式为：

$$\omega=\frac{1}{2n}\sum_{i=1}^{n}\rho {v_i}^3 \tag{9.1}$$

式中，ω为风功率密度，n为设定时间内的记录数，v_i为设定时刻的风速，ρ为空气密度。空气密度的值取决于温度和海拔高度，即：

$$\rho=(353.05/T)\exp^{-0.034(z/T)} \tag{9.2}$$

式中，T为年平均空气开尔文温标绝对温度，z为风场的海拔高度。

(2)总辐射

青海省仅西宁、格尔木、玉树、刚察、玛沁5个气象站有太阳总辐射观测记录。因此，泛共和盆地除刚察以外其余各地的太阳总辐射量用气候学方法计算而得，采用广泛应用的计算总辐射量公式：

$$Q=Q_0(a+bs) \tag{9.3}$$

式中，Q为总辐射量，Q_0为计算点所在等压面理想大气条件下总辐射量，a、b为回归系数，s为日照百分率。回归系数a、b根据上述5个总辐射观测站各月总辐射与日照百分率关系求得。计算盆地内各站总辐射时根据各站与上述5个站的距离远近，选用与其距离最近站的回归系数，依式(9.3)计算该站历年各月总辐射。

第 10 章　风能资源评估

10.1　10 m 高度风速

10.1.1　10 m 高度风速年际变化特征

利用区域内除乌兰(1981 年开始观测)、海晏(1976 年开始观测)以外 9 个气象站 1961—2021 年平均风速代表泛共和盆地年平均风速变化。1961—2021 年,泛共和盆地平均风速为 2.25 m/s,总体呈减小趋势,每 10 a 减小 0.09 m/s(图 10.1a)。其中,同德、贵南、刚察风速降低速度最大,每 10 a 变化范围在－0.20～－0.18 m/s,贵德、共和次之,分别为每 10 a －0.10 m/s 和－0.09 m/s;尖扎、茶卡、兴海每 10 a 变化在－0.05 m/s 左右,而同仁则于 2015 年以后风速由 1.0 m/s 左右迅速增大至 2.0 m/s 左右,因而其总体趋势表现出微弱增大,每 10 a 增大 0.03 m/s。海晏、乌兰由于资料序列长度原因,在此不作比较。2021 年泛共和盆地平均风速为 1.95 m/s,较前一年有所增大,略低于多年平均值。

10.1.2　10 m 高度风速空间分布特征

泛共和盆地各地年平均风速在 1.50～3.15 m/s(图 10.1a)。受海拔和地形的影响,茶卡、刚察风速最大,分别为 3.01 m/s 和 3.15 m/s,其次为乌兰、海晏、同德、兴海等地,为 2.15～2.72 m/s,其他地区风速较小,在 1.50～1.76 m/s(图 10.1b)。

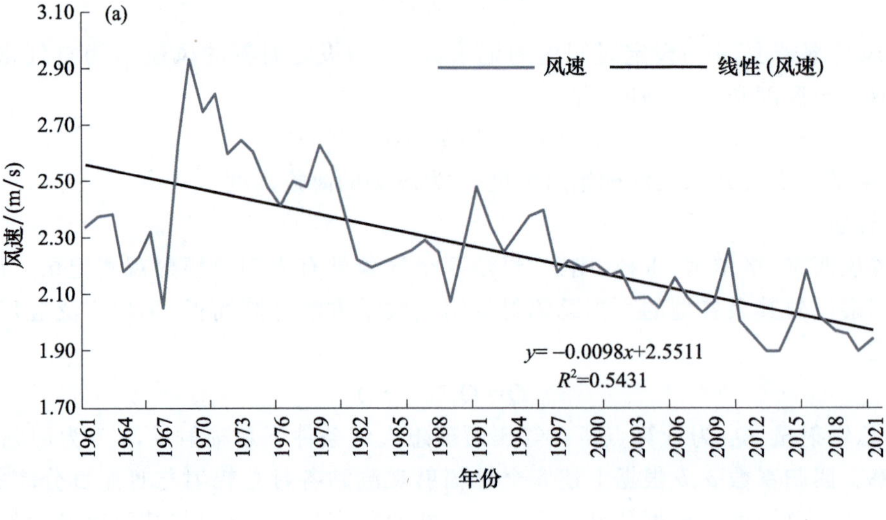

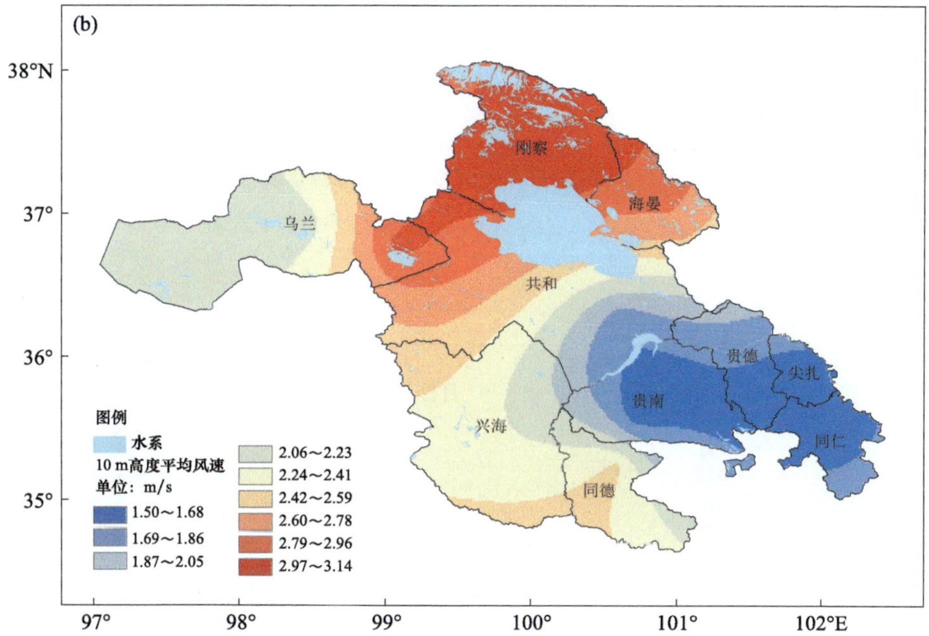

图 10.1　泛共和盆地 10 m 高度上的风速年际变化(a)及空间分布(b)

10.1.3　10 m 高度风速月际变化特征

从泛共和盆地各月平均风速常年值(1991—2020 年平均)来看，风速从 2 月开始快速增大，4 月达到年内最大值，此后开始快速减小，9 月达到一年中最小，9 月以后的 10 月、11 月有所增大，11 月以后又开始减小至次年 1 月。总体来看，2—6 月风速都在 2 m/s 以上，是一年中风速最大的时段，其余时段除了 11 月风速略高于 2 m/s 外，其他月份均低于 2 m/s (图 10.2a)。

10.1.4　10 m 高度风速日变化特征

利用共和气象站 2012—2021 年 1 月、4 月、7 月、10 月逐日小时风速平均值(图 10.2b)，分别代表泛共和盆地冬、春、夏、秋季风速的日变化情况。泛共和盆地冬、春、夏、秋季风速日变化规律基本相似，即大概在 02—08 时风速较小，08 时以后开始增大，大概在 16—18 时达到最大，此后风速开始减小，直至 06 时左右达到一天中最小。不同的是风速开始快速增大的时间略有差异，4 月和 7 月(春季和夏季)大概从 08 时开始快速增大，10 月(秋季)从 09 时开始快速增大，而 1 月(冬季)风速开始快速增大的时间推迟到 10 时以后。4 月逐时风速明显大于其他月份，即春季是一年中风速最大的时段，夏、秋、冬季风速差异不明显。

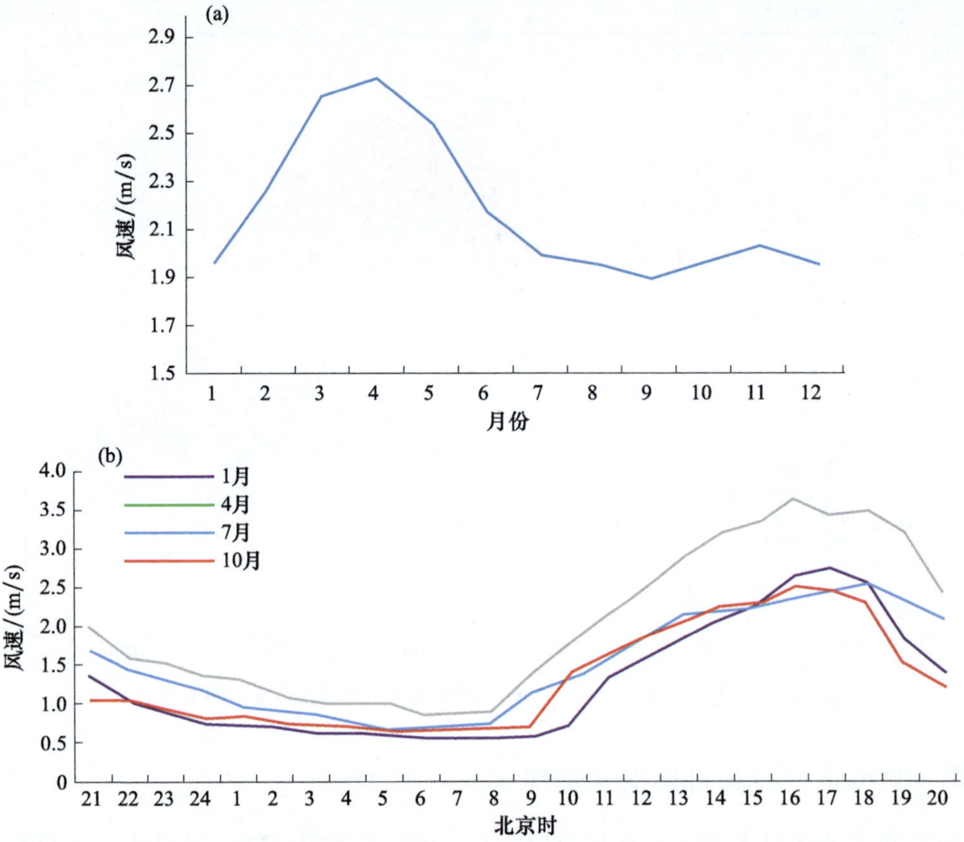

图 10.2　泛共和盆地 10 m 高度风速各月变化(a)及逐时变化(b)

10.2　70 m 高度风能资源

以 2006—2010 年 6 个测风塔观测资料为代表，分析乌兰、共和、贵南 70 m 高度各测风塔风能资源分布。70 m 高度年平均风速在 4.2～7.4 m/s，年平均风功率密度在 106～410 W/m^2。其中，乌兰、茶卡风能资源最丰富，风速为 6.6～7.4 m/s，风功率密度 318～410 W/m^2，3.0～25.0 m/s 风速占比为 69%～78%；其他地区风速为 4.2～5.7 m/s，风功率密度 107～285 W/m^2，3.0～25.0 m/s 风速占比为 59%～77%。

乌兰和贵南主导风向(西北偏西)与主风能方向一致，有利于风机稳定运行，可利用时间长。共和主导风向多为东南偏东、风能主方向为西北偏西。乌兰、共和、贵南风能资源平均有效小时数达 6186 h，有效小时数占全年总时数的 71%。大部分地区大气湍流强度在 0.086～0.095，湍流强度属中等偏小水平，风资源稳定性高，出现破坏性风速的概率较小。风电场标准空气密度下，50 a 一遇最大风速为 29～50 m/s。

10.3　100 m 高度风能资源

数值模拟分析结果表明，1978—2008 年泛共和盆地各地 100 m 高度风速在 2.96～9.56 m/s，大部分地区风速高于 4.80 m/s(图 10.3a)。风功率密度在 94.5～871.7 W/m^2(图 10.3b)。各地风速和风功率密度分布趋势一致，高值区主要位于刚察和海晏南部、共和大部分地区、乌兰东部、兴海西部，风速为 6.30～9.56 m/s，风功率密度在 424 W/m^2 以上。低值区主要位于贵南、兴海、海晏、尖扎东部、同德、同仁北部和贵德中部地区，风速为 2.96～5.34 m/s，风功率密度为 94.5～304 W/m^2。其他地区风速和风功率密度介于两者之间(图 10.3b)。

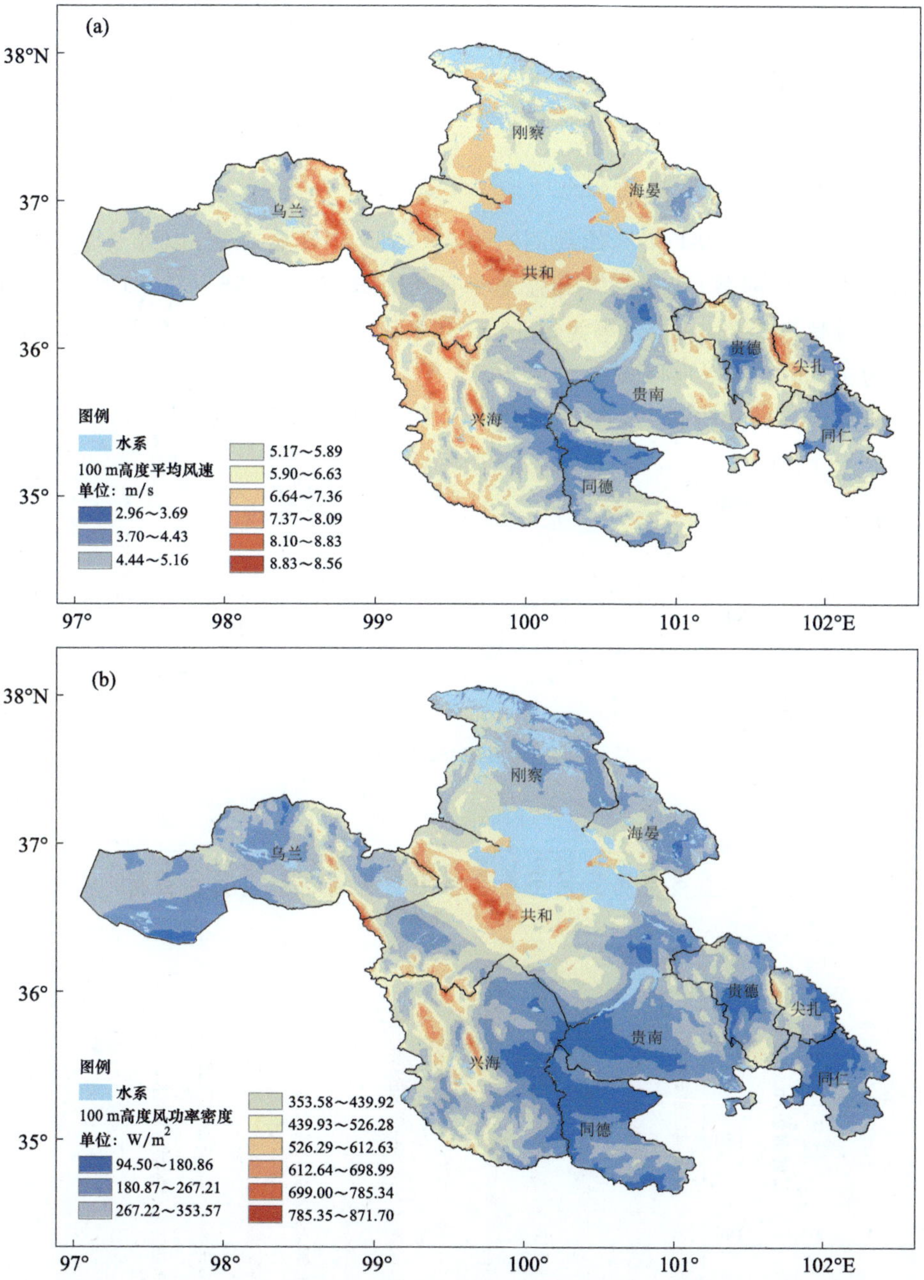

图 10.3　泛共和盆地 100 m 高度上的年平均风速 (a)及年平均风功率密度(b)

第 11 章　太阳能资源评估

11.1　日照时数

11.1.1　日照时数年际变化特征

利用区域内除乌兰(1981 年开始观测)、海晏(1976 年开始观测)以外 9 个气象站平均的 1961—2021 年年日照时数,代表泛共和盆地年日照时数变化。1961—2021 年,泛共和盆地年日照时数总体呈减少趋势,减少速率为每 10 a 30.1 h。与 1991—2020 年平均值比较,2005 年以前以偏多为主,2005 年以后以偏少为主,2016 年以后减少趋势明显,2019—2021 年为 1961 年以来日照时数最少的年份,2021 年日照时数为 1961 年以来第 3 少(图 11.1a)。各年代日照时数平均值见表 11.1。

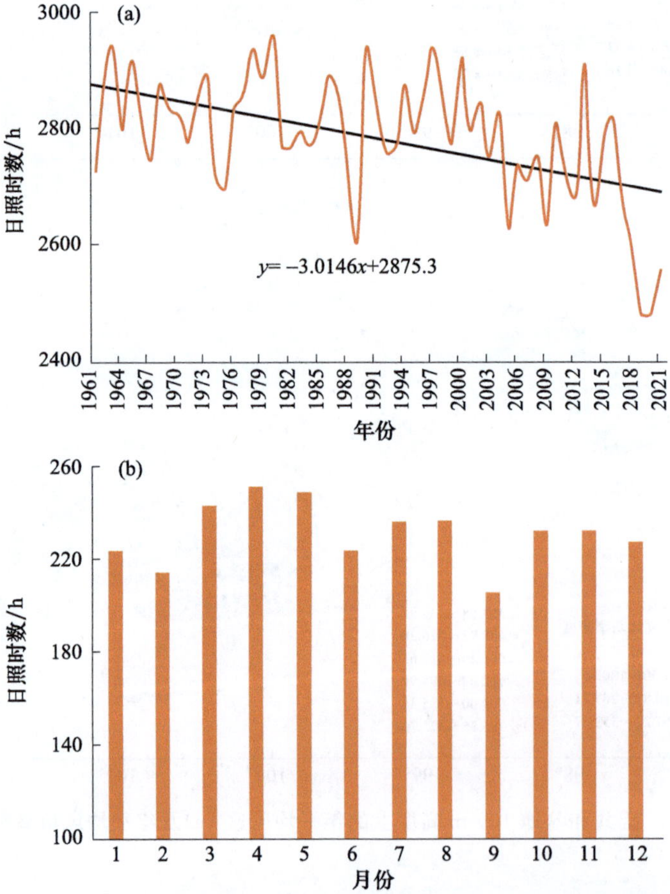

图 11.1　泛共和盆地年日照时数年际变化(a)及各月分布(b)

1961—2021 年泛共和盆地年日照时数的平均值为 2781.9 h(青海省平均值为 2703.7 h,其中 20 世纪 70 年代最多,为 2834.9 h),其次是 90 年代和 60 年代,分别为 2833.1 h、2831.8 h,80 年代、21 世纪最初 10 年分别为 2788.0 h、2746.8 h,21 世纪第 2 个 10 年最小,为 2688.0 h(表 11.1)。

表 11.1　泛共和盆地各年代日照时数平均值　　单位:h

	1961—2021	20 世纪 60 年代	20 世纪 70 年代	20 世纪 80 年代	20 世纪 90 年代	21 世纪 00 最初 10 年	21 世纪 10 第 2 个 10 年
平均值	2781.9	2831.8	2834.9	2788.0	2833.1	2746.8	2688.0

11.1.2　日照时数月变化特征

利用区域内 11 个气象站空间平均的各月日照时数常年值(1991—2020 年平均值),代表泛共和盆地各月变化。3—5 月是一年中日照时数最多的月份,进入 6 月,随着雨季来临,日照时数开始减少,9 月为全年最少。10 月开始,随着降水天气减少,日照时数开始增多,但由于可照时数开始逐月减少,10 月以后日照时数总体上逐月减少,至次年 3 月开始增多(图 11.1b)。

11.1.3　日照时数日变化特征

利用共和气象站 2012—2021 年 1 月、4 月、7 月、10 月逐日逐时日照时数平均值(图 11.2),分别代表泛共和盆地冬、春、夏、秋季日照时数的日变化情况。由图 11.2 可见,小时日照时数在日出后快速增加,然后维持在较高的水平至日落前 3 小时左右开始快速减少。由于各季日出日落时间及天气状况差异,各月小时日照时数日变化也表现出一定的差异:1 月(冬季)从 07 时开始有日照,11—14 时小时日照时数达 0.90～0.91 h,为一天中小时日照时数最多时段,且变幅较小。16 时以后小时日照时数开始快速减少直至日落;4 月(春季)和 7 月(夏季)自 05 时以后开始有日照至 20 时,08 时至 17 时为少时日照时数最多时段,其中 4 月(春季)最大值出现在 10 时和 11 时(0.76 h),7 月(夏季)最大值出现在 11 时和 12 时(0.68 h)。17 时以后开始快速减少,直至 20 时;10 月(秋季)09 时至 17 时为小时日照时数最多时段,最大值出现在 14 时和 15 时(0.82 h),17 时以后快速减少,直至 19 时。在一天中日照时数最多时段,冬季小时日照时数最多,秋季次之,夏季最少,其原因是冬季降水稀少,天空云覆盖少,而夏季天气过程频繁,云量较多,遮蔽了太阳光到达地面。

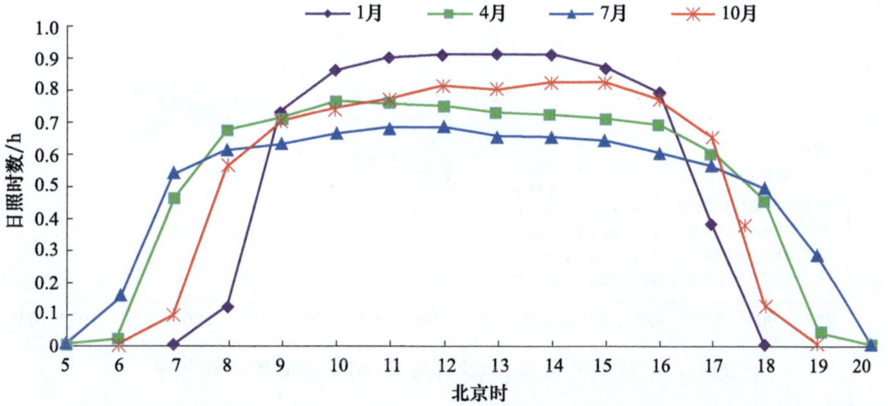

图 11.2　共和 1 月(冬)、4 月(春)、7 月(夏)、10 月(秋)日照时数日变化

11.1.4 日照时数空间分布特征

泛共和盆地年日照时数的多年平均值(1991—2020 年)呈自西北向东南递减的分布特征(图 11.3a)。乌兰、茶卡、刚察年日照时数超过 2900 h,共和、海晏、贵德超过 2800 h,同德、贵南、兴海在 2661.1～2710.2 h,同仁、尖扎分别为 2495.5 h 和 2648.6 h。从青海省范围看,泛共和盆地总体日照时数少于柴达木盆地和青海湖流域,多于省内其他区域(图 11.3b,表 11.2)。

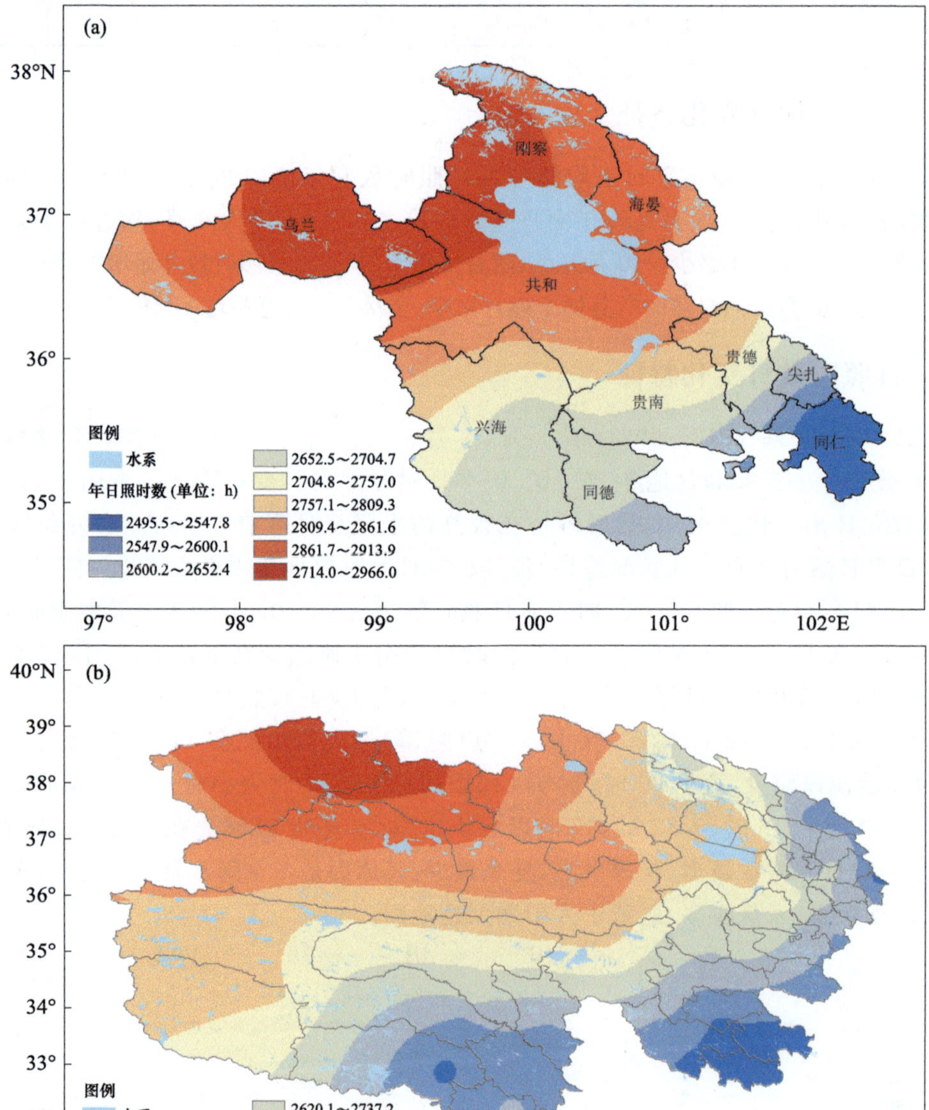

图 11.3 泛共和盆地(a)及青海省(b)日照时数空间分布

表 11.2 泛共和盆地各气象站年平均日照时数 单位:h

	乌兰	茶卡	刚察	共和	海晏	贵德	同德	贵南	兴海	尖扎	同仁
日照时数	2966.0	2955.9	2908.7	2899.2	2858.5	2804.3	2710.2	2692.9	2661.1	2648.6	2495.5

11.2 日照稳定性

用各月日照时数>6 h 天数的月最大值与最小值的比值(K)来表示日照的稳定程度,即稳定度。稳定度(K)值可以反映年度内日照的变率,K 值越小表示日照变率越小,日照就越稳定。其中 $K<2$ 表示日照稳定,$2\leqslant K\leqslant 4$ 表示较稳定,$K>4$ 表示不稳定。

11.2.1 日照稳定度年际变化特征

根据计算的 1961—2021 年历年 K 值,各站稳定度时间变化趋势基本一致。以共和站为例,稳定度(K 值)呈微弱增大趋势,变化速率为 0.02/(10 a)(没有通过显著性检验)。1990 年以前年际波动相对较大,有 4 a 超过 2.0,但未超过 2.5,无明显线性变化趋势;1990—2009 年 20 a 间 K 值年际波动较小且均低于 2.0,说明该时段内日照稳定性好;自 1991 年开始至今,K 值呈增大趋势,但大多数年份 $K<2$,即日照以稳定为主(图 11.4a)。总体上,61 a 中有 8 a 属于较稳定年份,53 a 属于稳定年份。较稳定和稳定年份各占总年份数的 13%和 87%。

11.2.2 日照稳定度空间分布特征

泛共和盆地日照稳定度的常年值(1991—2020 年平均值)基本上呈自北向南增大特点(图 11.4b),即日照稳定程度自北向南减弱。分析各站 1961—2021 年历年稳定度统计结果(表 11.3)发现,位置偏北的茶卡、刚察、共和较稳定年份不足 10 个(乌兰、海晏因资料时间相对较短不便比较)。而位置偏南的贵南、兴海、同仁、同德、尖扎较稳定年份超过 20 个,贵南、兴海各有 1 a 不稳定,说明盆地北部日照稳定程度要好于南部。需要注意的是,位置偏南的贵德

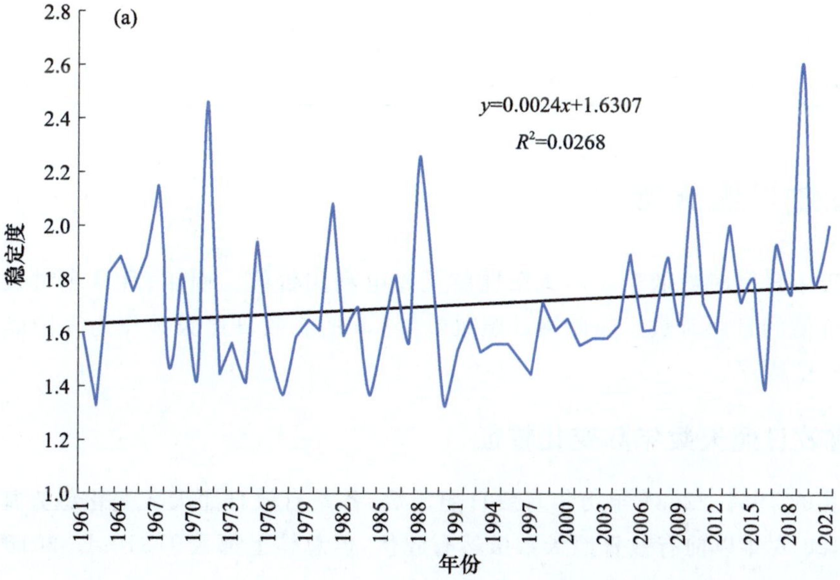

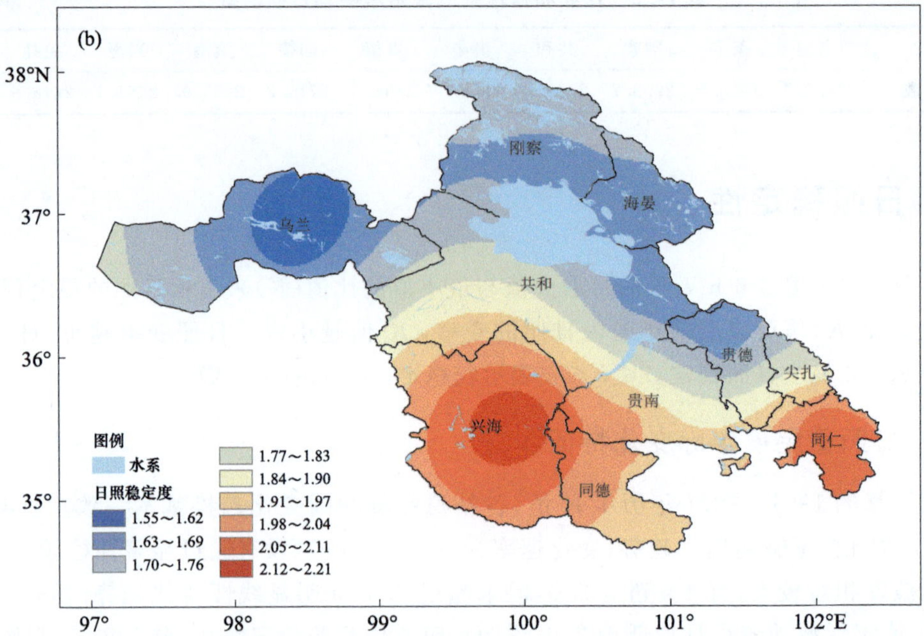

图 11.4 共和站日照稳定度历年变化曲线(a)及泛共和盆地日照稳定度空间分布(b)

较稳定年份为 9 个站中最少，而稳定年份为 9 个站中最多，说明尽管其位置偏南，但日照稳定程度依然很好。从青海省范围来看，泛共和盆地日照稳定程度低于柴达木盆地—祁连山西段一线，但高于三江源地区和河湟地区(图略)。

表 11.3 泛共和盆地日照稳定度统计

	乌兰	茶卡	刚察	共和	海晏	贵德	同德	贵南	兴海	尖扎	同仁
$K<2$	39	52	54	53	39	55	37	34	30	45	28
$2\leqslant K\leqslant 4$	2	9	7	8	7	6	24	26	30	26	23
$K>4$	0	0	0	0	0	0	0	1	1	0	0
平均	1.55	1.73	1.67	1.71	1.68	1.67	1.97	2.01	2.21	1.82	2.15

11.3 有效日照天数

如果一天中日照时数低于 3 h，太阳能就无光电利用价值。而年、月日照时数中包含了这些无可利用价值的日照时数。因此用日照时数≥3 h 的有效日照天数作为太阳能资源开发潜力评价的另一个因子。

11.3.1 有效日照天数年际变化特征

根据计算的 1961—2021 年历年有效日照天数，各站有效日照天数变化趋势基本一致。以共和站为例，2016 年以前有效日照天数虽然有起伏，但总体上都大于 310 d。2016 年以后有效日照天数表现出逐年减少的趋势，2021 年为 61 a 来最少的 1 a(299 d)(图 11.5a)。有效日照天数占总天数的比例在 81.9%～94%，2016 年以前在 86%以上，2016 年以后该比例明显减小，2021 年最小(81.9%)。

11.3.2　有效日照天数空间分布特征

泛共和盆地各站平均有效日照天数常年值(1991—2020 年平均值)在 302.6～331.0 d，空间分布基本呈自北向南减少的特点(图 11.5b)，北部的乌兰、茶卡、刚察、海晏、共和有 325～331 d，南部的贵德接近 322 d，贵南、兴海、同仁、同德、尖扎不足 320 d(表 11.4)。

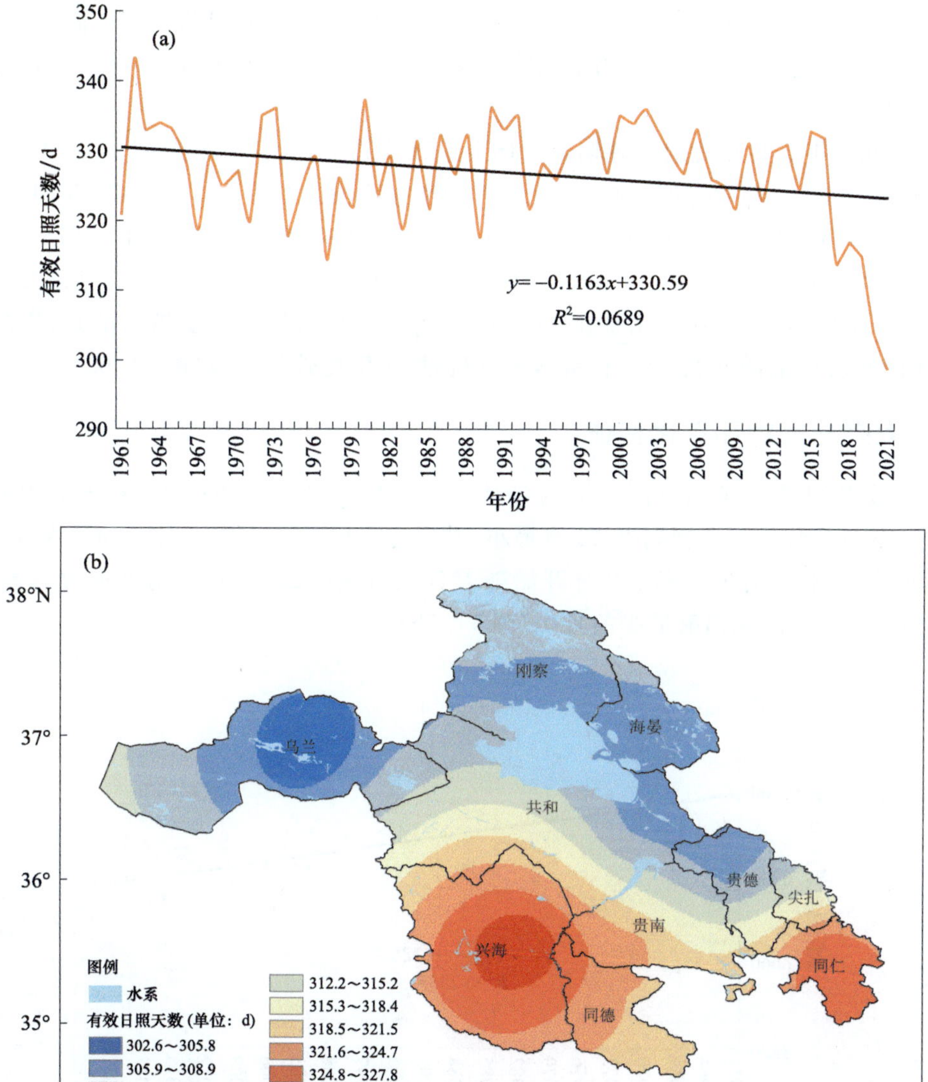

图 11.5　共和有效日照天数历年变化(a)及泛共和盆地有效日照天数空间分布(b)

表 11.4 泛共和盆地有效日照天数统计 单位:d

	乌兰	茶卡	刚察	共和	海晏	贵德	同德	贵南	兴海	尖扎	同仁
有效日照天数	329.1	331.0	327.3	327.4	325.4	321.9	319.2	315.7	314.2	308.7	302.6

11.4 太阳总辐射

11.4.1 太阳总辐射年际变化特征

利用区域内除乌兰、海晏以外 9 个气象站 1961—2021 年年太阳总辐射空间平均值,代表泛共和盆地年太阳总辐射变化。其中刚察的太阳总辐射为实际观测值,其余站总辐射值根据式(9.3)计算得到。

1961—2021 年泛共和盆地年总辐射总体上呈减少趋势,减少速率为每 10 a 34.8 MJ/m^2。从其阶段性变化看,总辐射有四个减少阶段,三个增加阶段。其中 1961—1975 年、1981—1989 年、1998—2005 年、2014—2021 年四个阶段,总辐射在起伏变化中减小;1976—1980 年、1990—1997 年、2006—2013 年三个阶段,总辐射在起伏变化中增大。年总辐射最大值出现在 1980 年(6482.6 MJ/m^2),最小值出现在 2019 年(5912.3 MJ/m^2)。需要指出的是,年总辐射值于 2019 年降至历史最低,此后 2 a 有所增大,但仍处于历史较低阶段(图 11.6a)。

11.4.2 太阳总辐射月变化特征

利用区域内 11 个气象站空间平均的各月日照时数常年值(1991—2020 年平均值),代表泛共和盆地各月变化。月总辐射在 12 月最小,其后逐月增加至次年 5 月达到最大,6—8 月由于降水量增大,总辐射有所回落。9 月开始随着日照时间的减少,总辐射开始逐月减少至 12 月,12 月为一年中太阳总辐射最少的月份(图 11.6b)。

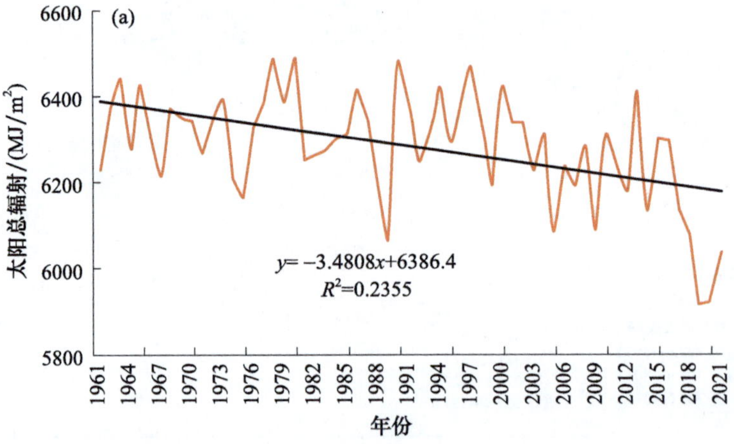

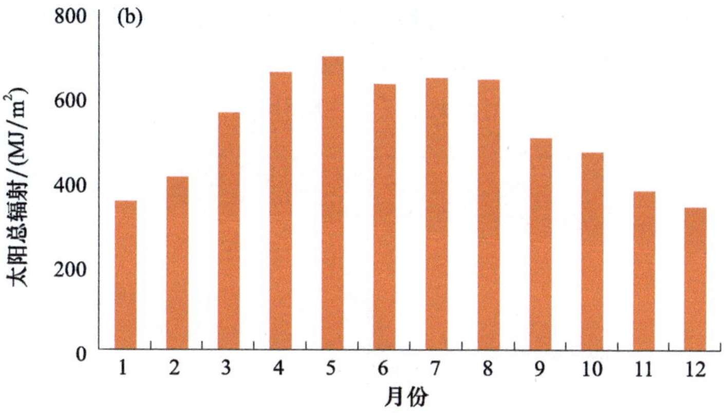

图 11.6　泛共和盆地太阳总辐射历年变化曲线(a)及年内各月分布(b)

11.4.3　太阳总辐射日变化特征

利用刚察气象站实际观测的 2012—2021 年 1 月、4 月、7 月、10 月逐日逐时总辐射平均值，分别代表刚察冬、春、夏、秋季总辐射的日变化情况。由图 11.7 可见，逐时总辐射在日出后开始增大，正午前后达到最大，此后开始逐渐减小直至日落。就最大值出现时间而言，4 月、7 月、10 月均出现在 12 时，分别为 2.53 MJ/m^2、2.44 MJ/m^2、2.23 MJ/m^2，1 月则出现在 13 时，为 1.84 MJ/m^2。4 月、7 月小时辐射值大于 1 月和 10 月，1 月最小。比较 4 月和 7 月发现，06—08 时 7 月辐射值大于 4 月，09—12 时 7 月辐射值小于 4 月，13 时以后 7 月辐射值大于 4 月，小时累计值 7 月(20.16 MJ/m^2)略大于 4 月(19.35 MJ/m^2)。

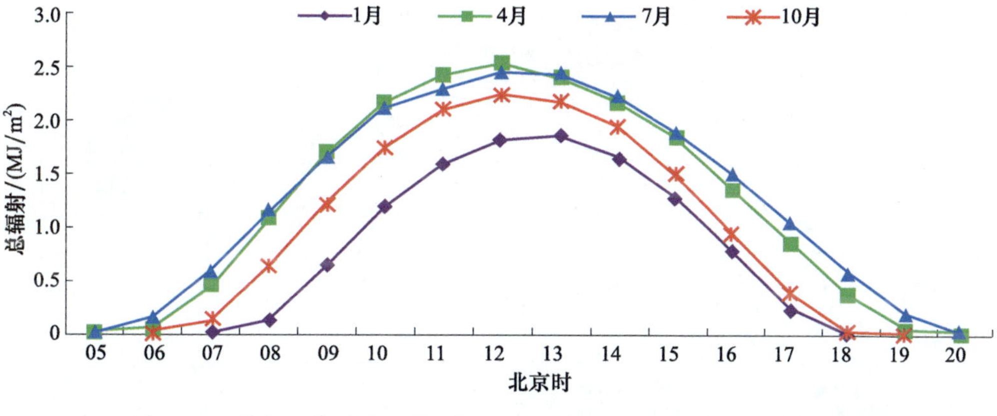

图 11.7　刚察 1 月(冬)、4 月(春)、7 月(夏)、10 月(秋)日照时数日变化

11.4.4　太阳总辐射空间分布特征

泛共和盆地各地年总辐射的常年值(1991—2020 年平均值)在 5637.8～6609.6 MJ/m^2，空间上呈自西北向东南递减的分布特征(图 11.8a)。从各地来看，乌兰、茶卡在6600 MJ/m^{2}左右，是区域内总辐射最高的地区；刚察、共和、海晏、同德、兴海、贵南在 6378.5～6553.0 MJ/m^2，是区域内总辐射次高的地区；贵德、尖扎、同仁在 5637.8～5940.7 MJ/m^2，为区域内最少(表 11.5)。根据太阳能资源丰富程度评定指标，乌兰、茶卡、刚察、共和、海晏、同德、兴海、贵南属

于最丰富级别（总辐射≥6300 MJ/m²），贵德、尖扎、同仁属于很丰富级别（5040 MJ/m²≤总辐射<6300 MJ/m²）。从全省范围来看，泛共和盆地年总辐射平均值低于柴达木盆地和青海湖流域，高于三江源地区、祁连山区和河湟地区（图 11.8b）。

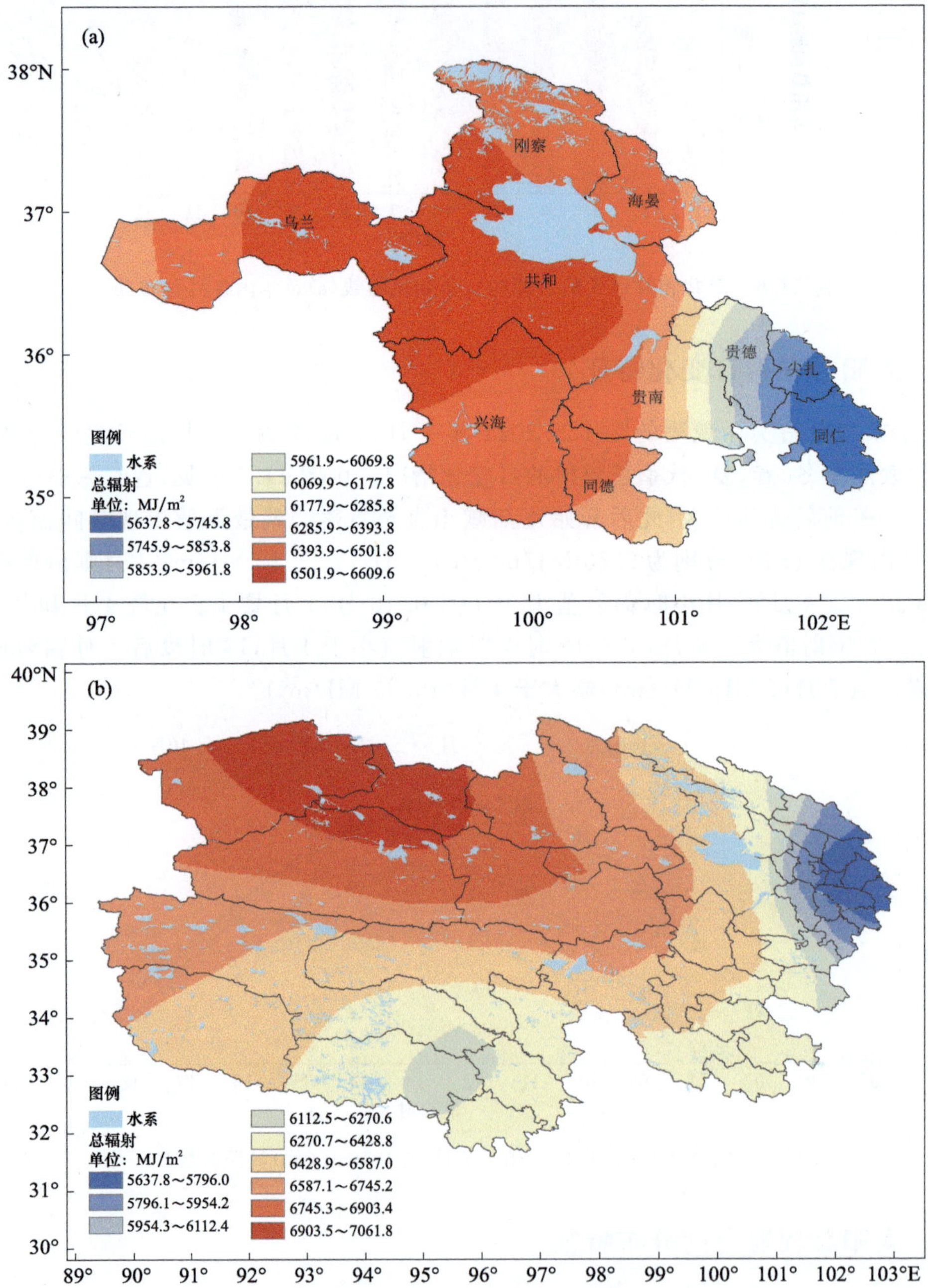

图 11.8　泛共和盆地（a）及青海省（b）总辐射空间分布

表 11.5　泛共和盆地平均年总辐射统计表　　单位：MJ/m²

	乌兰	茶卡	刚察	共和	海晏	贵德	同德	贵南	兴海	尖扎	同仁
年均总辐射	6609.6	6582.9	6431.9	6553.0	6464.7	5940.7	6463.5	6457.0	6378.5	5764.4	5637.8

11.5　太阳直接辐射占比

太阳总辐射等于直接辐射和散射辐射之和。直接辐射占比是直接辐射与总辐射的比值，该比值越高，光伏利用效率就越高。因泛共和盆地区域内气象台站没有直接辐射观测资料，因此利用西宁站 1961—1991 年各月直接辐射与同期月日照百分率、月水汽压建立线性回归模型，依此模型推算各站直接辐射，进而计算直接辐射占比。

11.5.1　太阳直接辐射占比年际变化特征

以共和为例，1961—2021 年直接辐射占比呈微弱减小趋势，其中 20 世纪 60—80 年代初呈减小趋势，80 年代初至 21 世纪初呈增大趋势，此后开始减小，减小—增大—减小三个阶段时间大体相当，均为 20 a 左右。直接辐射占比最大值出现在 1962 年(61.8%)，最小值出现在 2020 年(51.2%)。2019—2021 年是直接辐射占比最小的时段(图 11.9a)。

11.5.2　太阳直接辐射占比空间分布特征

泛共和盆地年直接辐射占比常年值(1991—2020 年平均值)大致在 50%～60%，基本上呈自东北部向西南部减小的分布特征(图 11.9b)。位于黄河谷地的贵德、尖扎在 60%左右，是区域内太阳直接辐射占比最大的地区；同仁、海晏、茶卡、共和、刚察、乌兰在 55%～57%；兴海、贵南、同德在 50%～52%，是区域内太阳直接辐射占比最小的地区(表 11.6)。

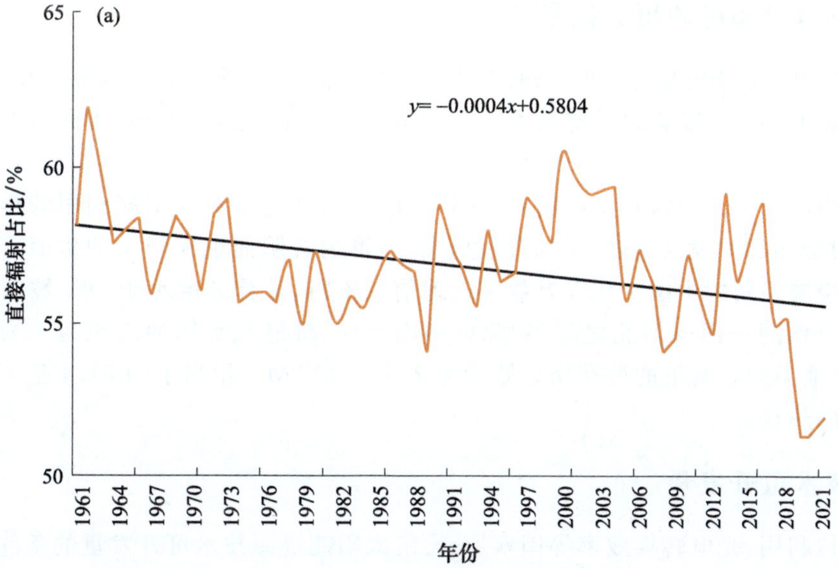

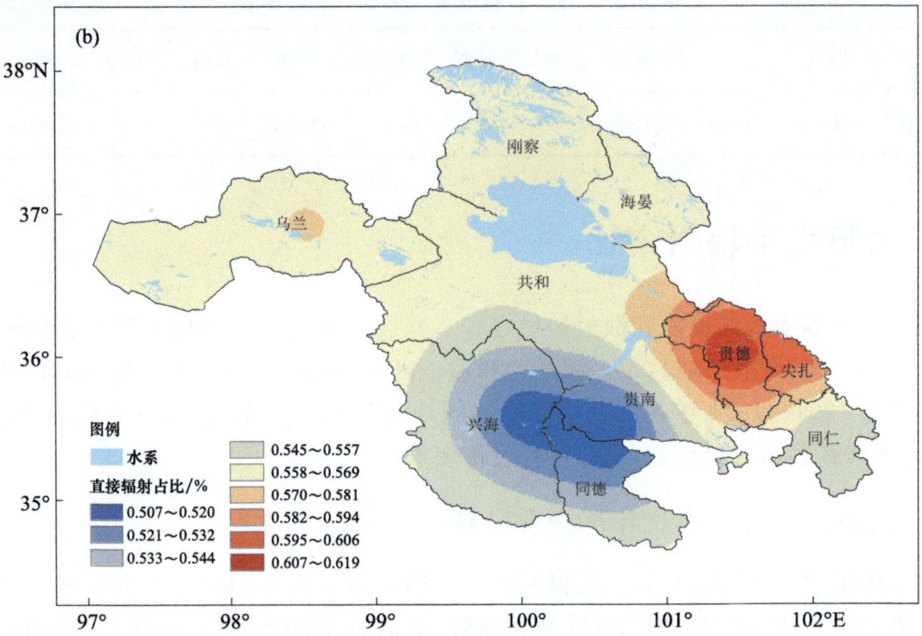

图 11.9　共和直接辐射占比历年变化曲线(a)及泛共和盆地直接辐射占比空间分布(b)

表 11.6　泛共和盆地平均直接辐射占比统计表　　%

	乌兰	茶卡	刚察	共和	海晏	贵德	同德	贵南	兴海	尖扎	同仁
年均值	57.1	56.6	56.8	56.7	56.2	61.9	51.7	51.6	50.7	59.4	55.0

11.6　太阳能资源总储量和技术可利用总量

11.6.1　总储量和可利用总储量

泛共和盆地年总辐射量常年值(1991—2020 年平均值)为 6298 MJ/m^2，面积为 7.47 万 km^2，估算泛共和盆地年太阳能资源总储量为 4.71×10^{14} MJ，相当于约 160 亿 t 标准煤完全燃烧所释放的热量。

进行太阳能资源大规模开发利用时，必须考虑多尺度地形对太阳能利用的影响。一般坡度大于 30°时会增加开发的难度，增加开发成本，地形的背阴面也无开发的价值。根据中华人民共和国测绘局编制的中国 1∶25 万数字地理信息资料，计算坡度小于 30°，坡向在东北→东→东南→南→西南→西→西北之间，剔除区域内林地、耕地及水体的面积为 4.25 万 km^2，因此，地形及土地类型影响下的可利用总储量为 2.68×10^{14} MJ，相当于约 91.4 亿 t 标准煤完全燃烧所释放的热量。

11.6.2　技术可开发量

考虑土地利用、光电转换效率等因素后，设定太阳能资源技术可开发量的条件为：

(1)太阳能资源可利用面积的 10%为技术可开发区域；

(2)光电转换效率为 16%。

在考虑以上两个条件的前提下，泛共和盆地年太阳能技术可开发量为 4.28×10^{12} MJ，相当于 1.46 亿 t 标准煤完全燃烧所释放的热量。

11.7 泛共和盆地风能、太阳能资源互补性分析

泛共和盆地风能、太阳能在时间上有较强的互补性，为能源供应提供了有力保障。从季节变化来看，乌兰、刚察、共和、贵南、兴海等地区具有冬末—春初风力强而太阳辐射弱、夏季和秋季风力弱而太阳辐射强的特点(图 11.10a、b)。

从日变化来看，刚察、茶卡等地 19—23 时风速依然较大，该地区风速较大而太阳辐射较弱，风能、太阳能资源具有较好的互补性(图 11.10c)。

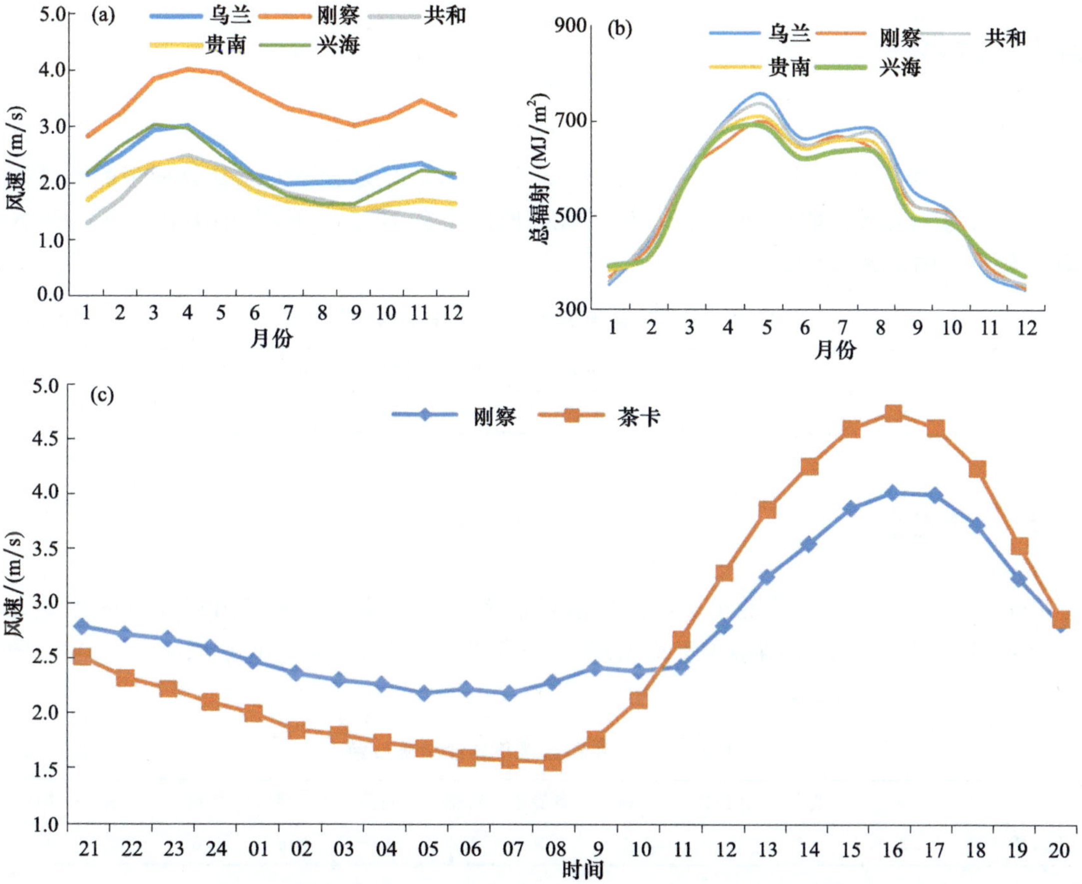

图 11.10 泛共和盆地部分地区平均风速月变化(a)、总辐射月变化(b)及平均风速日变化(c)

第12章　气象灾害条件分析

风能、太阳能资源开发利用除了受太阳辐射多寡影响外，气象条件尤其是气象灾害也会对其产生一定影响。如大风会对风机及光伏组件直接造成风压冲击，沙尘暴会增加大气浑浊度进而影响太阳辐射以及风机运行，当气温高于 25 ℃时电池组件储电性能开始衰减，积雪覆盖会阻挡太阳辐射，雷电会对光伏电站及风电场设施造成破坏等。因此，对区域内影响风电场及光伏电站的主要气象灾害简要分析如下。

12.1　大风

大风是指瞬时风速≥17.2 m/s 的风。泛共和盆地区 11 个气象站年均大风日数为 22.7 d，北部的茶卡、刚察年大风日数分别为 52.7 d、45.9 d，为盆地大风日数最多的地区。海晏、共和、兴海年大风日数在 31.1～36.7 d，其余地区均在 10 d 以下，其中尖扎 2.4 d，为盆地大风日数最少的地区(表 12.1)。

表 12.1　泛共和盆地 1991—2020 年平均大风日数　　单位:d

	乌兰	茶卡	刚察	共和	海晏	贵德	同德	贵南	兴海	尖扎	同仁
大风日数	9.1	52.7	45.9	34.5	31.1	9.5	17.0	5.5	36.7	2.4	5.5

12.2　沙尘暴

1991—2020 年泛共和盆地年平均沙尘暴日数为 3.4 d，沙尘暴天气出现高值区主要为刚察、兴海、贵南和同德，其中刚察年平均出现 10.0 d，贵南、兴海分别为 6.6 d、6.3 d，尖扎、同仁最少，只有 0.2 d、0.1 d(表 12.2)。

表 12.2　泛共和盆地平均沙尘暴日数　　单位:d

	乌兰	茶卡	刚察	共和	海晏	贵德	同德	贵南	兴海	尖扎	同仁
沙尘暴日数	2.0	2.5	10.0	3.3	1.3	0.7	4.7	6.6	6.3	0.2	0.1

12.3　高温

高温对太阳能光伏发电应用的影响主要表现在持续高温天气下，光伏组件功率输出与温度呈负相关，温度越高，输出功率越低，因此发电量也会相应减少。光伏发电组件的理想工作温度为 25 ℃，超过这个温度，气温每升高 1 ℃，输出功率就会降低约 0.35%。因此，统计各站

1991—2020 年日最高气温＞25 ℃日数的多年平均值，尖扎、贵德高温日数分别为 75.0 d、66.4 d，同仁 35.6 d，乌兰、共和分别为 23.6 d、20.5 d，贵南、茶卡、同德分别为 10.0 d、9.4 d、8.6 d，兴海、海晏分别为 3.5 d、2.5 d，刚察 0.4 d（表 12.3）。

表 12.3　泛共和盆地日最高气温＞25 ℃平均日数　　单位：d

	乌兰	茶卡	刚察	共和	海晏	贵德	同德	贵南	兴海	尖扎	同仁
高温日数	23.6	9.4	0.4	20.5	2.5	66.4	8.6	10.0	3.5	75.0	35.6

12.4　积雪日数

积雪覆盖在太阳能板上会阻挡太阳辐射。从各地 1991—2020 年平均积雪日数看，海晏 33.4 d，刚察 29.3 d，贵德、尖扎则不足 5 d（表 12.4）。从各月来看，积雪主要集中在 10 月至次年 5 月，其中 1 月出现次数最多，其次是 2 月、3 月。7—8 月无积雪现象，6 月、9 月部分地区有积雪现象，但出现次数较少。

表 12.4　泛共和盆地平均积雪日数　　单位：d

	乌兰	茶卡	刚察	共和	海晏	贵德	同德	贵南	兴海	尖扎	同仁
积雪日数	20.3	12.4	29.3	12.0	33.4	4.1	24.5	25.2	18.4	4.6	17.4

12.5　雷暴

基于 1978—2013 年平均人工观测资料的各地雷击点密度（雷击点密度是指某地 1 km^2 范围内 1 a 出现雷暴的次数），雷击点密度最高的兴海、同德分别为 5.5 次/(km^2·a)、5.4 次/(km^2·a)，其次是刚察、共和、海晏、贵南、同仁在 4.4～4.8 次/(km^2·a)，其余地区在 2.0～4.0 次/(km^2·a)（表 12.5）。

表 12.5　泛共和盆地平均雷击点密度统计　　单位：次/(km^2·a)

	乌兰	茶卡	刚察	共和	海晏	贵德	同德	贵南	兴海	尖扎	同仁
雷击点密度	2.0	3.1	4.6	4.8	4.8	4.0	5.3	4.4	5.5	3.4	4.7

第13章　风能、太阳能资源开发利用综合条件评估及对策建议

13.1　综合条件评估

可开发利用面积广。泛共和盆地面积约7.47万km^2，境内除了耕地、林地、高山、水体等土地类型外，尚有大量荒漠区，仅海南州可用于开发清洁能源的荒漠面积就有近7000 km^2。

电网设施完善。境内有海南—玉树、海南—果洛330 kV联网工程、西宁—格尔木750 kV双回路以及龙羊峡、拉西瓦黄河上游水电站输电线路经过，农村电网设施日趋完善。以输送清洁能源为主的青豫特高压直流工程建成投入运行，为区域千万千瓦级新能源基地集约化开发建设和大规模外送奠定了基础。

交通便利。泛共和盆地是连接东部农业区与青南地区、柴达木盆地的交通纽带，青藏铁路以及G109、G214、G315三条国道均经过本区域，更有S101、S201、S203、S301等近10条省道贯穿境内。

风能、太阳能资源禀赋优良。泛共和盆地太阳能资源得天独厚，全年日照时数除同仁以外都在2600 h以上，盆地大部分年太阳总辐射超过6000 MJ/m^2，资源稳定度高，开发潜力大。70 m高度年平均风速在4.2～7.4 m/s，年平均风功率密度在106～410 W/m^2；100 m高度风速在2.96～9.56 m/s，风功率密度在94.5～872 W/m^2，湍流强度属于较低水平，有利于风机平稳运行。

综上所述，泛共和盆地风能、太阳能资源禀赋优良，具备便捷完善的交通及电网设施，有可大规模开发利用的荒漠土地，无论是从资源禀赋、基础设施或是自然条件，都具备风能、太阳能资源大规模开发利用的优良条件。

13.2　对策建议

一是进一步扩大风能、太阳能开发利用规模。应按照区域内太阳能资源分布特征及地形、地貌特点，进一步整合优化区域内风电、光伏产业布局，坚持扩规模、畅通道、建机制并举，进一步提高风能、太阳能资源开发利用规模，做大做强清洁能源基地，不断夯实国家清洁能源示范省发展基础。

二是加强风能、太阳能精细化评估工作。开展对卫星遥感获取的高分辨率太阳辐射资料的验证及应用研究工作，并应用先进的气候模拟技术，开展区域内风能、太阳能资源的精细化评估，为进一步优化风电、光伏产业发展规划提供高质量的资源评估结果；加强风、光互补利用

研究工作，充分利用风能、太阳能的季节及日内互补特性，开展风、光互补开发利用试验研究，弥补独立风力发电和独立光伏发电系统的不足。

三是加强气象灾害风险预报、预警。推进气象灾害综合风险普查成果在风能、太阳能资源开发利用工作中的应用，重点加强气象灾害和高影响气象因子的预报、预警，有效规避气象灾害对风能、太阳能产业的影响，提高太阳能资源产业抵抗气象灾害能力；完善风电场、光伏电站风能、太阳能资源预报工作，依托现有的工作基础，继续完善技术方法，建立基于网格化数值预报模式产品的中长期风力、太阳辐射预报模型，开展风电场、光伏电站日—月—季尺度的风功率密度、光功率预报服务，为风电场、光伏电站合理安排生产计划、提高发电效益提供服务。